U0183194

全球微生物领域发展态势报告（2020）

钱　韦　马俊才　吴新年 ◎主编

科学技术文献出版社
SCIENTIFIC AND TECHNICAL DOCUMENTATION PRESS
·北京·

图书在版编目（CIP）数据

全球微生物领域发展态势报告.2020 / 钱韦，马俊才，吴新年主编. — 北京：科学技术文献出版社，2021.9

ISBN 978-7-5189-8373-5

Ⅰ.①全… Ⅱ.①钱… ②马… ③吴… Ⅲ.①微生物学—学科发展—研究报告—世界—2020 Ⅳ.① Q93-11

中国版本图书馆 CIP 数据核字（2021）第 190640 号

全球微生物领域发展态势报告（2020）

策划编辑：周国臻　　责任编辑：李　鑫　　责任校对：文　浩　　责任出版：张志平

出　版　者	科学技术文献出版社
地　　　址	北京市复兴路15号　　邮编　100038
编　务　部	（010）58882938，58882087（传真）
发　行　部	（010）58882868，58882870（传真）
邮　购　部	（010）58882873
官　方　网　址	www.stdp.com.cn
发　行　者	科学技术文献出版社发行　全国各地新华书店经销
印　刷　者	北京地大彩印有限公司
版　　　次	2021 年 9 月第 1 版　2021 年 9 月第 1 次印刷
开　　　本	787×1092　1/16
字　　　数	233千
印　　　张	14.25
书　　　号	ISBN 978-7-5189-8373-5
定　　　价	128.00元

版权所有　违法必究

购买本社图书，凡字迹不清、缺页、倒页、脱页者，本社发行部负责调换

《全球微生物领域发展态势报告（2020）》编写组

名誉主编：高　福

主　　编：钱　韦　马俊才　吴新年

成　　员：（按姓氏拼音排序）

白光祖　曹　琨　陈　奇　范国梅　付　爽

郭翀晔　靳军宝　刘　柳　孟欢欢　亓合媛

史文聿　孙　彦　孙清岚　仝　舟　王　芳

吴林寰　喻亚静　张荐辕　郑玉荣

主要国家的篇均被引为 95.59 ~ 137.63 次；中国的篇均被引为 95.59 次，低于全球平均水平。2010—2019 年，全球微生物领域核心论文研究方向主要集中在微生物基因识别与表达、微生物进化研究、微生物群落及生物多样性研究、病毒感染应对与治疗、微生物抗性免疫性研究、流行病疫苗研制与应用、生物合成、微生物结构、生物传感器、生物质利用等方面；在基因序列预测、工程化微生物（包括微生物降解）、催化活性、微生物群落、微生物医学应用、深度学习在微生物研究中的应用等方面论文产出量增长速度较快。

微生物领域位居前 10 位的热点前沿包含 2 个药物 / 疫苗开发相关的热点前沿，分别是"靶向 SARS-CoV-2 主要蛋白酶（Mpro）的新药设计"和"广谱 HIV-1 中和抗体研究"；3 个传染病相关的热点前沿，分别是"新型猪圆环病毒 -PCV3 研究"、"埃博拉病毒的传播机制、临床症状及预防"和"寨卡病毒导致小头畸形的致病机制、感染模型研究"；2 个耐药机制研究方向的热点前沿，分别是"致命耐药性假丝酵母研究"和"细菌耐药性机制研究"；另外，还包含 1 个微生物基因组方向的热点前沿（"微生物基因组系统发育与进化"）、1 个肠道微生物研究方向的热点前沿（"肠道微生物代谢物 TMAO 与心血管疾病、肾脏疾病等慢性病的关系"）和 1 个单步硝化菌的发现和培养热点前沿。

2010—2019 年全球范围内共有 10.126 万件微生物相关专利，申请国家主要有中国、美国、韩国、加拿大和日本等，其中中国的占比达到了 59.95%；主要专利权人包括江南大学、延世大学、浙江大学、中国农业大学、南京农业大学、华中农业大学、浙江科技大学、华南农业大学、中国科学院微生物研究所、天津科技大学等全部为大学及科研院所；专利排名前 5 位的技术方向分别为细菌及其培养基研究、引入外来遗传物质修饰的细菌、引入外来遗传物质修饰的微生物、经引入外来遗传物质而修饰的细胞、DNA 重组技术。

微生物领域核心专利数量排名居前 5 位的国家和地区依次为美国、加拿大、中国、韩国和欧洲。核心专利研发热点主题主要包括纤维素降解、复合微生物菌剂、生物反应器、胃肠道菌、肝炎病毒、基因编辑、单克隆抗体等。核心专利量排名居前 5 位的专利权人主要有罗氏制药、诺维信集团、诺华制药有限公司、哈佛大学、丹尼斯克集团，可以看出核心专利主要掌握在国外制药企业手中。

从应用领域市场规模分析，随着微生物技术在农业、工业、医药等各个领域的应用越来越广泛，微生物技术越来越受到重视并发展更加迅速，其主要的应用行业包括食品饮料、生物制药、微生物农业、护肤及化妆品、能源和其他行业等。据有关统计，2018 年全球农业微生物的市场价值为 30.24 亿美元，预计到 2024 年将达 71.45 亿美元，2019—2024 年的复合年均增长率为 14.6%。

微生物食品饮料行业是微生物应用的主要行业之一。由于益生菌对消化系统有众多益处，以及比食物和饮料更方便和有效，越来越多的消费者消费各种益生菌补充剂以维持其健康状况，从而降低医疗保健成本，因此，对益生菌补充剂的需求正在不断增加。2019 年益生菌食品和饮料的市场收入为 258.2 亿美元，预计到 2025 年将达 379.78 亿美元。

2018 年全球疫苗市场规模约为 305 亿美元，在所有治疗领域中居第 4 位，约占 3.5% 的市场份额。伴随着更多的新型疫苗及多价多联疫苗陆续上市，未来全球疫苗市场的增长潜力较大。全球人类微生物组测序市场（按应用划分）细分为疾病诊断、药物发现、消费者健康、组学分析和其他应用，其中以疾病诊断为主导。截至 2018 年，疾病诊断占据 41.95% 的人类微生物组测序市场份额。

Contents
目　　录

第 1 章

绪　论

内容提要

　　微生物作为地球上进化历史最长、生物量最大、生物多样性最丰富的生命形式，推动地球化学物质循环，影响人类健康乃至地球生态系统。近年来，随着基因编辑、合成生物、生命组学、单细胞操作等新兴技术的迅速发展，长期制约微生物系统研究的瓶颈正在被打破，微生物技术正广泛渗透到医药、农业、能源、工业、环保等领域，是破解人类健康、环境生态、资源瓶颈、粮食保障等重大问题的重要路径，微生物研究已成为新一轮科技革命的战略高地。微生物资源开发既是一种创新的生产方式，又能够为应对气候变化、环境污染、能源匮乏、COVID-19疫情等全球性挑战提供可持续发展战略。

　　本报告重点研究3个方面的内容。一是研究全球微生物领域发展环境。分析全球主要国家微生物领域的政策规划、法律法规、发展重点、实施步骤、未来布局等，并对重点国家微生物领域的发展规划进行有针对性的对比与分析。

　　二是研究全球微生物领域产业发展态势。分析全球微生物领域产业发展现状，重点产业（包括农业、工业、医药等）的市场状况及主要产品的市场份额，未来市场重点发展方向等。

　　三是研究全球微生物领域技术研发态势。宏观方面研究全球微生物领域主要研发国家、主要机构、主要人员、合作网络情况等；中观方面研究微生物技术研发方向、技术布局、技术竞争格局、技术影响力分析等；微观方面研究微生物领域重点技术主题及其演化趋势、技术发展路线图等。

　　本报告的目标是在研究全球微生物领域发展环境、产业发展态势、技术研发态势的基础上，明确全球微生物领域重点发展方向，分析我国在全球微生物领域发展中的地位、优势和不足，为我国微生物战略布局提供参考。

1.1　研究缘起

1.1.1　微生物的作用

约在 35 亿年前，地球上就出现了微生物。微生物包括细菌、病毒、真菌和少数藻类等。有些微生物是肉眼可以看见的，如属于真菌的蘑菇、灵芝、香菇等。还有些微生物是一类由核酸和蛋白质等少数几种成分组成的"非细胞生物"。病毒就是一类由核酸和蛋白质等少数几种成分组成的"非细胞生物"，它的生存必须依赖于活细胞。微生物按照存在的不同环境可以分为空间微生物、海洋微生物等；按照细胞结构分类可分为原核微生物和真核微生物[①]。

微生物数量庞大、种类繁多，是地球生物化学循环过程的重要驱动者。无论是数量还是总生物量，微生物群落都是地球上最主要的生命形式，它们广泛分布在人体、陆地和海洋中，甚至在极端恶劣环境中也可以存活。微生物提供的生态系统服务对于当地和全球的可持续性至关重要。来自陆地和海洋的微生物群可以分解污染物、支持微生物的活动并产生氧气。微生物在整个生物圈中普遍存在并具有多样性的活动，是保持地球健康和可持续发展的重要因素[②]。

微生物对人类最重要的影响之一是导致传染病的流行。在人类疾病中有50% 是由病菌或者病毒引起的。微生物能够致病，能够造成食品、布匹、皮革等发霉腐烂，但微生物也有有益的一面。近 100 年前，弗莱明从青霉菌抑制其他细菌的生长这一现象中发现了青霉素，这对医药界来讲是一个划时代的发现。后来大量的抗生素从放线菌等的代谢产物中筛选出来，挽救了无数人的生命。

微生物的应用也涉及食品、冶金、采矿、石油、皮革、轻化工等多种行业。一些微生物被广泛应用于工业发酵，生产乙醇、食品及各种酶制剂等；有些微生物能够降解塑料、处理废水废气等，实现资源的再生转化，称为环保微生物；还有一些微生物能在极端环境中生存（如高温、低温、高盐、高碱及高辐射等普通生命体不能生存的环境），这些微生物蕴含丰富的基因资源，是生物技术工具的宝库。

微生物间的相互作用机制也相当奥秘。例如，健康人肠道中就有大量细菌存在，为正常菌群，其中包含的细菌种类高达上百种。在肠道环境中这些细菌

[①]　周德庆. 微生物学教程 [M]. 北京：高等教育出版社，2013.

[②]　CAVICCHIOLI R, RIPPLE W J, TIMMIS K N, et al. Scientists' warning to humanity: microorganisms and climate change[J]. Nat rev microbiol，2019（17）：569−586.

相互依存、互惠共生。但是，菌群在食物、有毒物质甚至药物的分解、转化与吸收等过程中发挥的作用及细菌之间的相互作用机制目前还有很多有待研究的科学问题。人体一旦菌群失调，就会引起腹泻、腹痛、呕吐甚至休克等症状。

1.1.2　微生物学发展历程

2500 年前，我国古代人民发明了酿酱油、醋，知道用麦曲治疗消化道疾病。尽管当时人们还不知道微生物的存在，但是已经在同微生物打交道了，在应用有益微生物的同时，还对有害微生物进行预防和治疗。

微生物学作为一门学科是从有显微镜的发明开始的，安东·列文虎克（Antony Van Leeuwenhoek，1632—1723 年）发明的显微镜首次揭示了一个崭新的生物世界——微生物世界。继安东·列文虎克发现微生物世界以后的 200 年间，微生物学的研究基本上停留在形态描述和分门别类阶段。

直到 19 世纪中期，以法国的路易斯·巴斯德（Louis Pasteur，1822—1895 年）和德国的罗伯特·柯赫（Robert Koch，1843—1910 年）为代表的科学家才将微生物的研究从形态描述推进到生理学研究阶段，揭露了微生物是造成腐败发酵和人畜疾病的原因，并建立了分离、培养、接种和灭菌等一系列基础的微生物技术，从而奠定了微生物学的基础，同时开辟了医学和工业微生物等分支学科。巴斯德和柯赫被公认是现代微生物学的奠基人。

20 世纪末期，随着基于核糖体小亚基 RNA 序列分析指纹图谱等分子生物学技术的兴起，实现了不依赖于微生物培养直接对整体微生物群落的分析，开创了微生物分子生态学研究的新时代。然而，由于技术及分析手段的限制，这些技术只能靶向优势类群，还不能真实反映微生物的多样性及物种组成。

21 世纪初以来，高通量测序和质谱等技术的突破，使得我们可以从 DNA、RNA、蛋白质和代谢物等不同水平解析微生物组，以获得更为全面的微生物组信息。微生物组蕴藏着极为丰富的微生物资源，是工农业生产、医药卫生和环境保护等领域的核心资源。

2016 年，美国克利夫兰医学中心提出《2017 十大医疗创新科技》，其中利用微生物组预防、诊断和治疗疾病的研究高居榜首，这表明全球已掀起微生物研究的新热潮，并且已经取得令人瞩目的成绩；同时，在市场潜力与应用前景方面，微生物组学也将焕发出无限生机。随着测序的全球化发展和成本的不断降低，催生了微生物科学研究的繁荣和大量应用成果的转化，目前全球微生物组计划已经呈现百花齐放的态势。

1.1.3　微生物与人类可持续发展

2016 年 1 月，联合国制定了《联合国 2030 年可持续发展议程》，旨在通过绿色方法和清洁生产技术实现环境、社会和经济协调发展。这一议程中最重要的目标是满足人类的基本需求，因为尽管世界经济发展迅速，但仍有很大一部分人无法获得粮食、衣服、住房和医疗等基本的人类必需品。不断增加的废物和不断消耗的自然资源已经把人类的注意力转移到高效的绿色和清洁生产技术上。联合国提出的可持续发展目标（SDG）旨在通过合理利用可持续科技为每个人提供这些基本必需品。

近年来，人们越来越重视微生物组和生物技术研究在应对经济社会挑战方面的作用，特别是微生物在实现《2030 年可持续发展目标》中的零饥饿、健康长寿、洁净水和卫生设施、清洁能源、就业和经济增长、工业创新和基础设施等目标方面具有重要作用[①]。

正如中国科学院方荣祥院士所言："微生物无处不在，微生物产业非常巨大。对微生物既要抑制不好的方面，又要发挥其有用的方面，微生物产业是朝阳产业。结合我们国家的愿景及其使命，新微生物产业在不断地更新，包括基因编辑，包括肠道微生物对人体健康的影响，做了很新的东西，不断地做科学研究，不断地做推广，让微生物产业变得又好又大。"

中国科学院微生物研究所魏江春院士在"微生物技术产业化发展"研讨会上指出，微生物技术在沙漠治理方面拥有巨大潜力，可以以荒漠地区自然成长的地毯式微生物结皮为"模版"，通过现代生物技术予以"复制"，为流动的沙漠铺上微型生物结皮式的"地毯"，从而达到控制流沙、治理沙漠化的目标。"沙漠生物地毯"技术的研究与开发不仅是全新的理论突破和技术创新，而且本身具有极为可观的微生物技术产业化的前景，将对生态环境和可持续发展带来深远的影响。

卡内基国际和平基金会在《全球变暖环境下石油发展》报告中指出，微生物提取方法在炼油领域的重大创新是可大幅减少炼油过程温室气体排放。卡内基印度基金会认为微生物领域的快速创新能改善人们的生活，包括农业、环境保护、医疗保健和疾病治疗、大数据驱动的生物信息学和工业生物技术等[②]。

[①]　Disruptive technologies the microbiome our microscopic allies[R]. United Nations Compact, 2017.

[②]　ANANTH P, SHASHANK R, SHRUTI S. Modern biotechnology and India's governance imperatives[R]. Carnegie India, 2017.

1.1.4　未来发展面临的形势与挑战

随着微生物技术在食品、医药、农业和环境等各个领域的应用日益广泛，微生物产业迅速发展。微生物产品市场的发展呈现出两种趋势：一方面，消费者对微生物食品（如发酵食品）日益偏好，企业对微生物技术的研发投入不断增加，食品安全问题日益受到消费者关注，同时随着感染性疾病、慢性病的不断出现，保健品等产品日受欢迎，这都有利于微生物市场的发展；另一方面，虽然基因工程、发酵工程等领域的迅速发展给微生物技术注入了新的动力，但人们的看法也不尽相同，许多人认为转基因食品和药物给环境和人类健康带来了新的风险，如生物多样性的丧失等①。

总之，现代微生物技术对于解决人口、环境、能源等方面的问题已经并将继续发挥重大作用，但是微生物技术也可能导致国家安全和经济上的风险。

为应对国家生物安全挑战，世界各国也都相继出台了相关的战略规划。美国发布了《全球卫生安全战略》《2019—2022 国家卫生安全战略》等，以应对传染病暴发和新兴生物技术滥用等带来的威胁。英国发布了《传染病战略 2020—2025》，以加强传染病防控能力，应对抗生素耐药性的上升、疫苗可预防疾病的重现及新型病原体的全球传播等问题。中国《中华人民共和国生物安全法》也已经进入全国人大常委会审议阶段，希望通过法律手段保护生物资源安全，促进和保障生物技术发展。目前，全球生物安全形势不容乐观，生物安全将纳入国家安全体系。生物安全面临的挑战主要表现在以下几个方面②。

（1）传统与新型生物威胁模式暗流叠加

据业界人士观察分析，全球生物军控治理处于"鸡肋"状态，联合国《禁止生物武器公约》第八次审议大会进展甚微，实施生物袭击的可能性不能排除反而有所增强。生物战理论已见雏形，如美国防部开展了20YY生物战战略研究。此外，新型的生物恐怖投送方式不断出现，追踪溯源面临严峻挑战，防范生物恐怖袭击难度大增。

（2）新发突发传染病疫情不断出现

近 10 年来，相继出现了甲型 H1N1 流感、高致病性 H5N1 禽流感、高致病性 H7N9 禽流感、发热伴血小板减少综合征、中东呼吸综合征、登革热、

①　Global industrial microbiology market 2019—2024[R]. Mordor intelligence, 2019.
②　王小理，周冬生. 面向 2035 年的国际生物安全形势 [N]. 学习时报，2019-12-20.

埃博拉、寨卡、COVID-19等重大新发突发传染病疫情。在全球化背景下，疫情传播更快更广，即使远在世界另一极，也只是一趟航班的距离。例如，COVID-19自2019年底开始，目前仍然肆虐全球，截至2021年2月28日全球确诊冠状病毒病例已超过1.14亿例，疫情已经给全球经济带来巨大影响，导致世界许多地方经济下滑和大规模失业。世界卫生组织预警，未来将会有多种源头的大流行"X疾病"。

彼得森国际经济研究所认为，微生物无国界，需要部署国际资源以更有效地应对类似COVID-19这样的新发突发全球性传染病，尤其是在低收入国家，这也必须成为任何的全球遏制战略的一部分。因此，G20应立即加强全球传染病控制–监测体系并协调国际行动，将有助于加速经济复苏。

在世界卫生组织召开的2020年最后一次媒体吹风会上，世界卫生组织突发事件规划负责人麦克·瑞安（Mike Ryan）博士表示，已在全球肆虐长达近一年、造成180多万人死亡的新冠肺炎，可能并不是专家们长期以来担忧的那个"大流行病"。他认为新型冠状病毒的致命性及给人类带来的灾难可能并没有之前想象的那么严重，从中国成功控制住新冠疫情这一点就能看出，新冠疫情是完全可控的，疫苗的研制给疫情控制带来了希望，但未来人们可能会面临更严重的大流行，新型冠状病毒应该成为一个"警钟"，人类要做的就是从中汲取经验，对所有的新发突发传染病都应高度警惕并做好防控工作，为下一个"全球威胁"做准备。

（3）生物技术发展带来的双刃剑效应与风险加大

科学家已在哺乳动物中首次实现"基因驱动"。基因驱动系统使变异基因的遗传概率从50%提高到99.5%，可用于清除特定生物物种。随着基因编辑和基因驱动技术的发展，基因武器风险越来越高。与发达国家相比，发展中国家对生物科技负面作用的管控体系和能力欠缺，面临的内部威胁日益加剧；同时生物科技在许多战略方向存在"卡脖子"现象，存在隐性的外部性威胁。随着经济社会发展和国际政治经济格局的深刻演变，经过由外到内和由内到外的层层传导、相互作用，发展中国家面临的生物安全形势通常更加严峻。

（4）人类遗传资源流失和剽窃现象持续隐形存在

越来越多的事实证明，人类遗传资源是国家战略资源，具有巨大的战略安全和经济利益。但国际上围绕人类遗传资源的获取和使用，存在各类"明取暗夺"现象。据俄罗斯多家媒体报道，美国系统搜集苏联地区传染病、菌株库及俄罗斯公民生物样本，还试图搜集俄罗斯公民的滑膜组织和RNA样本。法国《世

（续表）

序号	数据量 / 篇	检索式
#1	1 423 922	or chlamydia* or rickettsia* or spirochaeta* or spirochete* or treponemata* or bacteriophagolog* or bacteriolog* or mycolog* or protistolog* or protozoology* or paleomicrobiolog* or type-strain* or Mushroom* or Bacteriophage* or Phage* or Viroid* or euvirus* or subvirus* or virusoid*) OR KP=(MICROBIOTA or ANTIBIOTIC or Microbe or MICROBES or Microbial or microbiome or MICROBIOLOGY or MICROORGANISM* or micro-organism* or mycoplasma* or Nanoorganism* or Nano-organism* or MYCOBACTERIUM * or antimicrobi* or anti-microbi* or BACTERIA* or BACTERIUM* or ARCHAEA* or BACTERIOPHAGE* or Archaebacteria* or Extremophile* or Fungi or FUNGAL or FUNGUS or VIRUS or VIRUSES or Antiviral* or Anti-viral* or ESCHERICHIA-COLI* or SACCHAROMYCES-CEREVISIAE* or FERMENTATION* or Microalgae* or YEAST or PATHOGENS* or BACILLUS-SUBTILIS* or HIV or KLEBSIELLA-PNEUMONIAE* or LISTERIA-MONOCYTOGENES* or ENTEROBACTERIACEAE* or GRAM-NEGATIVE-BACTERIA* or probiotics* or CANDIDA-ALBICANS* or STREPTOCOCCUS-PNEUMONIAE* or PLASMID* or cultur*-Collect* or SALMONELLA-TYPHIMURIUM* or INFLUENZA* or SALMONELLA-ENTERICA* or Cyanobacteria* or LACTOCOCCUS-LACTIS* or MICROFLORA* or CRISPR-Cas9 or ANTIBACTERIAL* or prebiotics* or SARS-CORONAVIRUS* or Biocatalysis* or METAGENOMIC-* or meta-analysis* or H5N1 or MERS-COV* or TYPHIMURIUM* or ACTINOBACTERIA* or metatranscriptomics* or Bacilli or bacillus or NOROVIRUS* or adenovirus* or PATHOGENIC* or Protozoa* or Protozoan* or Protozoal* or ARCHAEAL* or endobacteria* or Endophytic-actinobacteria* or actinomyce* or archaebacterial-* or chlamydia* or rickettsia* or spirochaeta* or spirochete* or treponemata* or bacteriophagolog* or bacteriolog* or mycolog* or protistolog* or protozoology* or paleomicrobiolog* or type-strain* or Mushroom* or Bacteriophage* or Phage* or Viroid* or euvirus* or subvirus* or virusoid*)

（2）微生物领域核心基础研究数据

这部分数据主要来源于以下 3 个方面：

① 2010—2019 年 SCI-E 被引频次居前约 5% 的论文（分年统计 Article、Review、Proceeding papers 3 种类型文献）；

②高质量论文：近 10 年高被引论文（Highly cited papers）和近两年的热引论文（Hot papers）；

③顶级期刊论文，包括 *Nature*、*Science*、*Panas*、*Cell* 及其子刊。

通过以上方式共收集到微生物领域 2010—2019 年的核心研究论文 51 316 篇。

1.4.2　专利数据来源及检索式

（1）微生物领域专利数据

相关专利数据主要来自德温特创新索引（DII）数据库，通过国际专利分类号和主题词组合检索，共收集 2010—2019 年全球微生物领域有效专利 101 260 条（检索时间为 2020-09-21），应用研发检索式如表 1-2 所示。

表 1-2　2010—2019 年全球微生物领域应用研发检索式

序号	数据量 / 条	检索式
#3	101 260	#1 OR #2
#2	69 039	IP=(C12N*) and ti=(MICROBIOTA or ANTIBIOTIC or Microbe or MICROBES or Microbial or microbiome or MICROBIOLOGY or MICROORGANISM* or micro-organism* or mycoplasma* or Nanoorganism* or Nano-organism* or MYCOBACTERIUM * or antimicrobi* or anti-microbi* or BACTERIA* or BACTERIUM* or ARCHAEA* or BACTERIOPHAGE* or Archaebacteria* or Extremophile* or Fungi or FUNGAL or FUNGUS or VIRUS or VIRUSES or Antiviral* or Anti-viral* or ESCHERICHIA-COLI* or SACCHAROMYCES-CEREVISIAE* or FERMENTATION* or Microalgae* or YEAST or PATHOGENS* or BACILLUS-SUBTILIS* or HIV or KLEBSIELLA-PNEUMONIAE* or LISTERIA-MONOCYTOGENES* or ENTEROBACTERIACEAE* or GRAM-NEGATIVE-BACTERIA* or probiotics* or CANDIDA-ALBICANS* or STREPTOCOCCUS-PNEUMONIAE* or PLASMID* or cultur*-Collect* or SALMONELLA-TYPHIMURIUM* or INFLUENZA* or SALMONELLA-ENTERICA* or Cyanobacteria* or LACTOCOCCUS-LACTIS* or MICROFLORA* or CRISPR-Cas9 or ANTIBACTERIAL* or prebiotics* or SARS-CORONAVIRUS* or Biocatalysis* or METAGENOMIC-* or meta-analysis* or H5N1 or MERS-COV* or TYPHIMURIUM* or ACTINOBACTERIA* or metatranscriptomics* or Bacilli or bacillus or NOROVIRUS* or adenovirus* or PATHOGENIC* or Protozoa* or Protozoan* or Protozoal* or ARCHAEAL* or endobacteria* or Endophytic-actinobacteria* or actinomyce* or archaebacterial-* or chlamydia* or rickettsia* or spirochaeta* or spirochete* or treponemata* or bacteriophagolog* or bacteriolog* or mycolog* or protistolog* or protozoology* or paleomicrobiolog* or type-strain* or Mushroom* or Bacteriophage* or Phage* or Viroid* or euvirus* or subvirus* or virusoid*)
#1	77 533	IP=(C12N-001* or C12N-003* or C12N-007*)

（2）微生物领域核心专利数据

通过专利工具和专利综合指标筛选。

1.4.3　其他数据来源

主要国家 / 机构 / 团体 / 企业官网、相关商业数据库、智库 / 专家观点等。

第 2 章

全球微生物资源开发与产业发展环境

内容提要

　　自 2000 年以来，全球已有多个国家、地区及国际组织制定了微生物资源开发与产业发展相关的战略规划和政策措施，将生物经济作为实现智慧发展和绿色发展的关键，旨在促使各国向更多使用可再生资源的经济形态转变。美国国立卫生研究院早在 2007 年就投入了 2 亿美元启动了庞大的人类微生物组计划，由此带动了全世界对微生物组的研究热潮。微生物组研究为工农业生产、医药卫生和环境保护等领域提供了丰富的核心资源，利用高通量测序和质谱鉴定等技术可对微生物组进行研究，微生物组学已成为新一轮科技革命的战略前沿领域。

　　美国、欧盟等高度重视转基因微生物产品安全，对食品、药品中涉及的致病微生物、微生物成分（如酵母菌等有益元素）进行严格监控，监控体系从宏观到具体，形成了基本法规、执行措施（包括微生物标准）和指导文件 3 个层次的监控法规框架体系，并制定了详细的实施指南。近些年为鼓励创新，美国对转基因微生物技术逐渐松绑，但是针对食品、药品中不合格微生物成分、致病微生物污染等问题加大了处罚力度，产品召回的数量也日益增多。

　　2007 年以来，我国对于微生物科技创新也出台了多项支持政策，以加强微生物在农业、食品和药物领域应用和产业化部署。"十二五"期间通过国家高技术研究发展计划（863 计划）和国家重点基础研究发展计划（973 计划）布局了合成生物学、工业微生物基因组及分子改造和固体发酵工艺系统优化等重大项目。"十三五"期间通过重点研发计划重点专项布局了人体微生物等研究项目，先后批准建立了相关微生物国家重点实验室和微生物数据中心，同时加强对转基因微生物安全、医疗器械微生物检验、食品药品微生物安全等方面的监管。

　　随着微生物技术在食品、医药、农业和环境等各个领域的应用日益广泛，微生物技术领域正在迅速发展。但现代微生物技术及其产生的转基因生物体在给人类带来巨大收益的同时，可能会给人类带来严重的危害，引发人们对于生物安全问题的诸多忧虑。

2.1　国外微生物资源开发与产业发展环境

21 世纪以来，随着基因编辑、合成生物、生命组学、单细胞操作等新兴技术的迅速发展，长期制约微生物学研究的瓶颈正在被打破，微生物技术正广泛渗透到医药、农业、能源、工业、环保等领域，成为破解人类健康、食物安全、环境生态、资源瓶颈、粮食安全等方面重大问题的重要途径。世界主要国家纷纷将微生物产业定位为战略性新兴产业，并制定相关战略政策予以支持。自 2000 年以来，全球已有 40 多个国家、地区及国际组织制定了微生物相关的经济战略规划和政策措施，主要国家、地区及国际组织促进微生物资源开发与产业发展的政策及行动计划如表 2-1 所示。

表 2-1　主要国家、地区及国际组织促进微生物资源开发与产业发展的政策及行动计划 [①]

国家、地区及国际组织	政策名称	发布年份	发布机构
美国（USA）	生物质研究和发展法案	2000	美国能源部
	人类微生物组计划（HMP）	2007	美国国立卫生研究院
	地球微生物组计划（EMP）	2010	美国阿贡国家实验室
	生物经济指标	2011	美国农业部
	美国肠道计划（AGP）	2012	加州大学圣地亚哥分校
	国家生物经济蓝图	2012	美国联邦政府
	人体微生物组整合计划（iHMP）	2014	美国国立卫生研究院
	国家微生物组计划（NMI）	2016	美国白宫科学和技术政策办公室
	生物经济联邦行动报告	2016	联邦政府部门间生物质研发委员会
	为了繁荣和可持续的生物经济战略计划	2016	美国能源部
	生物经济计划：实施框架	2019	联邦政府部门间生物质研发委员会
	护航生物经济	2020	美国国家科学院、工程院与医学院
欧盟（EU）	以知识为基础的生物经济新视角	2005	欧盟委员会
	迈向基于知识的生物经济	2007	欧盟理事会
	构建欧洲生物经济（2020）	2010	欧洲生物工业协会
	2030 年的欧洲生物经济：应对巨大社会挑战实现可持续增长	2011	欧洲技术平台（ETPs）
	工业生物技术路线图	2012	欧洲工业生物技术研究与创新平台
	新肠胃计划（MyNewGut）	2013	欧洲食品信息委员会
	欧洲可持续发展生物经济：加强经济、社会和环境之间的联系	2018	欧盟委员会

---

① 邓心安，万思捷，朱亚强. 国际生物经济战略政策格局、趋势与中国应对 [J]. 经济纵横，2020 (8)：19-23.

（续表）

国家、地区及国际组织	政策名称	发布年份	发布机构
	地平线欧洲	2018	欧盟委员会
	面向生物经济的欧洲化学工业路线图	2019	欧盟委员会
经合组织（OECD）	迈向 2030 年的生物经济：设计政策议程	2006	巴黎 OECD 总部
	评价生物基产品可持续性的 OECD 建议案	2012	OECD 科技政策委员会
	应对可持续生物经济的政策挑战	2018	巴黎 OECD 总部
加拿大	加拿大森林生物经济发展框架	2017	加拿大森林部长理事会
	加拿大生物经济战略：利用优势实现可持续性未来	2019	加拿大生物工业创新中心
德国	国家生物经济研究战略 2030：通向生物经济之路	2010	德国联邦政府
	国家生物经济政策战略	2013	德国联邦政府
	推动生物经济发展的五大原则	2015	第一届全球生物经济峰会（柏林）
	国家生物经济战略	2020	德国联邦政府
英国	发展生物经济——改善民生及强化经济：至 2030 国家生物经济战略	2018	商业能源与产业战略部（BEIS）
法国	微生物计划（MicroObes）	2008	法国国家科研署及法国国家农业科学院等
	MetaGenoPolis 计划	2010	法国未来投资部
	法国生物经济战略：2018—2020 年行动计划	2017	法国部长理事会
意大利	意大利生物经济：连接环境、经济与社会的特别机遇（2017）	2017	意大利部长理事会
	意大利生物经济：为了可持续意大利的新生物经济战略	2019	意大利部长理事会
芬兰	可持续生物经济：芬兰的潜力、挑战和机遇	2011	芬兰国家研发基金（SITRA）
	芬兰生物经济战略	2014	就业经济部、农林部和环境部联合
瑞典	瑞典生物经济研究和创新战略	2012	瑞典环境、农业科学和空间规划研究理事会
比利时	佛兰芒肠道菌群项目（FGFP）	2012	鲁汶大学（KU Leuven）
俄罗斯	俄罗斯联邦至 2020 年生物技术发展综合计划	2012	俄罗斯联邦政府
	2019—2027 年俄罗斯联邦基因技术发展规划	2019	俄罗斯联邦政府
日本	生物技术战略大纲	2002	日本政府
	促进生物技术创新的根本性强化措施	2008	日本政府
	生物质战略	2009	日本政府

（续表）

国家、地区及国际组织	政策名称	发布年份	发布机构
	生物质产业化战略	2012	日本政府
	日本生物经济 2030 愿景：加强应对变化世界的生物产业的社会贡献	2016	日本生物产业协会
	生物战略 2019——面向国际共鸣的生物社区的形成	2019	日本内阁
韩国	面向 2016 的生物经济基本战略	2010	韩国中央政府
	生物健康产业创新战略	2010	韩国中央政府
印度	国家生物技术发展战略（2015—2020）	2016	生物技术局
马来西亚	生物经济计划	2012	科技与创新部
	生物经济转型计划	2013	科技与创新部
南非	生物经济战略	2014	南非科技部

综合来看，美国在全球微生物组计划中起着引领作用，尤其关注微生物对人体健康相关方面的研究，另外在其他工业应用领域也有所涉及。欧盟十分重视微生物在可再生能源方面的应用，此外，由于微生物食品、药品的安全风险增大，欧盟加大了对微生物产品的监管。日本由于土地面积有限，是全球最大的微生物转基因食品和饲料进口国，十分重视相关技术的研究，并对产品安全建立了完善的管理体系。

2.1.1　美国

早在 1981 年 4 月，美国国会发布题为《应用遗传学的影响：微生物、植物和动物》（Impacts of Applied Genetics：Micro-Organisms，Plants，and Animals）的报告，对有关遗传工程在微生物方面的应用状况进行了调查，认为新的微生物遗传技术在制药、化工和食品这 3 个行业发展迅速，其重要性日益增加，并提出研发支持和监管建议。

美国能源部在 2000 年发布的《生物质研究和发展法案》（Biomass Research and Development Act of 2000）中提到，生物质能在工业应用方面拥有巨大潜力，新的微生物产品和其他方法可以大幅降低微生物纤维素酶和酶水解的成本，包括专用纤维素酶生产和回收处理等。

此外，人类基因组计划在 2003 年完成以后，许多科学家已经认识到人类微生物组的重要性。为此，2007 年底，美国国立卫生研究院（NIH）宣布将投入 1.15 亿美元正式启动酝酿了两年之久的"人类微生物组计划"（Human

Microbiome Project，HMP）。该计划由美国主导，国际人类微生物组联盟协调，参与国家包括多个欧盟国家、中国、日本等。该计划分为 2 个阶段，其中第一阶段主要以健康人群为对象描绘了人体微生物的全景图。2014 年，美国国立卫生研究院发起 HMP 计划第二阶段（iHMP），该阶段计划采用多组学技术研究 3 个不同群体的微生物相关情况，建立微生物和宿主的生物特性的综合纵向数据集，解析微生物结构变化与人体健康的关系。2019 年 5 月 30 日，*Nature* 宣告人类微生物组计划第二阶段完成。2012—2014 年，美国联邦机构和私有机构已经在微生物科学领域累计投入 9.22 亿美元。

美国奥巴马政府高度重视生物技术的发展。2016 年，美国白宫科学和技术政策办公室（OSTP）宣布启动国家微生物组计划（NMI），当时从 5 家政府部门和 6 家民间机构渠道征集了共计 5.21 亿美元，分两年（2016 财年、2017 财年）支持微生物组的基础研究，目标是深入揭示微生物组的行为规律，促进对健康相关微生物组功能的保护和恢复。通过对相关联邦机构、非政府部门科学家的大量调研，国家微生物组计划提出了 3 个目标：一是跨学科研究，回答多种生态系统微生物的基础科学问题；二是发展平台工艺，加深对微生物的了解，促进不同生态系统微生物知识的分享，并促进微生物组数据的共享；三是通过全民科普、提供教育机会等，扩大微生物研究人才队伍。

尽管是国家级科研计划，但国家微生物组计划实质相当于各部门在微生物组领域研究的松散联合。由于后续支持经费未以法案等强制形式予以保障，且受美国政府换届影响，特朗普政府时期国家微生物组计划进展较慢。但国家微生物组计划的实施带动了微生物组研究的热潮，直接的效应就是促成了该领域科研成果的大量问世。

微生物技术的发展既有有利的一面，也有负面作用，需要加强政府层面的引导和管理。2015 年，美国白宫牵头启动了"生物技术监管协同框架"（the Coordinated Framework for the Regulation of Biotechnology）的现代化改革，以进一步协调美国食品药品监督管理局（FDA）、美国环境保护署（EPA）、美国农业部（USDA）等生物技术主要监管部门各自的职能及责任，并制定长期生物技术制品监管战略。2017 年，白宫更新并发布了生物技术监管协同框架的最终版本，进一步明确了美国食品药品监督管理局（FDA）、美国环境保护署（EPA）、美国农业部（USDA）各自的监管范围及职能，有效提高了监管体系的透明度、协调度及可预测度。

美国农业部食品安全检验局是主要负责进出口肉类及肉类制品的微生物

监管的官方机构。美国食品和药品监督管理局（FDA）是负责进出口肉类及肉类制品以外的食品和饮品的微生物监管的官方机构，但在FDA的官方检测规范中规定了检测肉类及肉类制品中致病微生物。美国官方机构对禽肉及产品微生物检测依据农业部食品安全检验署（USDA FSIS）发布的《Microbiology Laboratory Guidebook，MLG》(3rd Edition，1998)和FDA发布的《Bacteriological Analysis Manual Online，MAB》（2001），对出口国肉中的微生物进行检测，此外USDA FSIS对实验室质量控制进行监管。

2016年通过的《国家生物工程食品披露标准》，授权美国农业部就生物工程食品确立强制性披露标准及实施方法和规程，这是美国在转基因食品领域的第一项立法。新法规定食品生产商可以自主选择在包装上标注转基因成分的形式，包括文字、符号或由智能手机读取的二维码，满足消费者对食品属性的知情权及选择权。美国农业部也发布相关规定，包括说明食品中究竟含有多少"生物工程加工物质"，必须对转基因成分进行标注。

2019年美国发布《促进美国流感疫苗现代化以改善国家安全和公共卫生》行政令，旨在促进生物技术农产品和新型疫苗的开发。美国白宫于2019年6月11日又发布了总统特朗普签署的《农业生物技术产品监管框架现代化》的行政令，旨在降低农业生物技术产品开发成本，提高公众信心，扩大美国农产品的国际市场。

综合来看，近年美国监管政策的方向是为转基因产品与技术松绑，以适应相关领域技术创新的需要。

2.1.2 欧盟

欧盟于2005年、2007年、2010年分别发布了《以知识为基础的生物经济新视角》《迈向基于知识的生物经济》《欧洲基于知识的生物经济：成就与挑战》，强调了微生物在生物燃料、生物聚合物和化学品等生产方面的作用，并逐步确定了发展生物经济的战略目标。2012年发布的《欧洲生物经济的可持续创新发展》更是提出将生物经济作为实施欧洲2020战略、实现智慧发展和绿色发展的关键，旨在促使欧盟向更多使用可再生资源的经济形态转变。

2018年6月，欧盟委员会又发布新一轮创新研发计划——"地平线欧洲"（Horizon Europe）计划，该计划的临时预算约为1000亿欧元，是欧盟历史上最大手笔的科研经费投入，计划提出了2021—2027年的发展目标和行动路线，其三大核心内容之一"全球挑战及产业竞争力"部分与微生物科技息息相关。在配套设施方面，欧盟科研基础设施战略论坛部署了工业生物技术的多学科研究和创新基础设施，并将其纳入欧盟2018科研设施路线图。2019年欧盟发布《面向生物经济的欧洲化学工业路线图》，以期加快生物基产品或可再生原料的发展。2019年欧盟批准葡萄牙3.2亿欧元的生物质能（Biomass Energy）支持计划，以支持高火灾风险地区的生物质能工厂。

欧盟早在 20 世纪 80 年代末就建立了生物技术法规框架。其生物技术法规框架由两部分组成，一是"横向法规"（Horizontal Legislation），覆盖不同领域的生物技术问题，具有程序性，涉及基因工程微生物在封闭设施内的使用、转基因产品的有目的释放和接触生物试剂工作人员的职业安全；二是"产品法规"（Product Legislation），涉及处理特殊种类的转基因材料，如医药产品、动物饲料添加剂、植保产品、新食品和种子等。产品立法还会分门别类、详细说明，如关于标签、可追溯性等问题。例如，Directive 2001/18/EC 是横向的，蓄意向环境释放转基因生物的行为实施严格监管。《转基因食品和饲料条例》（简称 Regulation 1829/2003）是关于转基因食品的，《转基因生物可追踪性和标识以及转基因食品和饲料可追踪性条例》（Regulation 1830/2003）是关于标签和可追溯性的，二者都是产品法规指令。欧盟对标签管理日益严格：Regulation 258/97 强制要求以标签形式说明产品中是否含转基因成分；Regulation 1829/2003 要求只要含转基因食物成分高于 0.9% 就必须以标签标明；Regulation 1830/2003 则引入可追溯概念。

欧盟的食品微生物监控体系从宏观到具体，形成了基本法规、执行措施（包括微生物标准）和指导文件 3 个层次的食品微生物监控法规框架体系，欧盟成员国在欧盟法规框架下，制定详细的实施指南。欧盟法规及其成员国配套实施指南共同构成了较为科学完善的食品微生物监控体系[1]。

（1）基本法规

欧盟的食品微生物控制相关基本法规包括《食品基本法》（EC Regulation No 178/2002 Laying Down the General Principles and Requirements of Food Law）和与之配套的"一揽子食品卫生法规（Food Hygiene Package）"，后者包括《食品卫生法》（EC Regulation No 852/2004 on the Hygiene of Foodstuffs）、《动物源性食品特别卫生法则》（EC Regulation No 853/2004 Laying Down Specific Hygiene Rules for Food of Animal Origin）、《供人类消费的动物源性食品官方

---

[1]　陈蓉芳，顾立波，李洁. 欧盟及成员国食品微生物监控体系分析与启示 [J]. 中国食品卫生杂志，2012, 24(3): 255–258.

控制组织特别法则》（EC Regulation No 854/2004 Laying Down Specific Rules for the Organisation of Official Controls on Products of Animal Origin Intended for Human Consumption）等。《食品基本法》规定了食品安全的通用要求和一般原则，如预防为主的原则、从"农场到餐桌"的食物链原则、企业为食品安全第一责任人、不安全的食品不能投放市场、食品生产商有义务撤回市场上的不安全食品等。"一揽子食品卫生法规"是对原先16个分散的食品卫生指令进行整合后形成的完整的法规体系，涵盖了HACCP（Hazard Analysis and Critical Control Point）体系认证、可追溯性、饲料及食品控制和从第三国进口食品的官方控制等内容。

（2）执行措施

为促进食品基本卫生法规的实施，保护公众健康并防止对基本法规有不同的解释，欧盟制定了一系列执行措施或技术性法规，其中食品微生物标准法规（Commission Regulation EC No 2073/2005 on Microbiological Criteria for Foodstuffs）是最重要的执行措施法规之一。欧盟将实施HACCP及其他卫生控制措施作为确保食品安全的预防措施，食品微生物标准作为预防措施的重要组成部分，用于证实或验证HACCP及其他卫生控制措施的执行情况，判定食品，以及食品生产、加工、处理和销售等过程的可接受性。该微生物标准要求食品生产者从原料供应、加工处理直至货架期的整个食物链进行采样测试，根据企业规模制定抽样计划，确定抽样频率，以验证HACCP等预防措施及纠偏措施的执行效果。食品微生物标准规定了标准的适用范围、术语和定义、通用要求、生产者样品测试、检验及抽样规则、标签、过渡期、不满意结果的处理、微生物生长趋势分析、复审、实施日期和标准附录，标准附录包括食品安全标准和生产过程卫生标准。食品安全标准规定了货架期内食品微生物限值；加工过程卫生标准规定了食品生产、加工、配送、销售等各个环节的微生物限量及应采取的纠偏措施，并特别要求生产即食食品的企业应将加工区域及设备样品的采集纳入抽样计划，建议即食食品生产企业开展货架期内单核细胞增生性李斯特菌研究，以防止其污染食品；建议生产婴幼儿配方奶粉的企业应将加工区域及设备的检测纳入采样方案，以防阪崎肠杆菌的污染。

（3）指导文件

为协助成员国及食品生产者了解食品卫生基本法规，严格控制微生物污染，欧盟制定了一系列指导文件，主要包括通用指导文件及特别指导文件。通用指导文件，如食品卫生法规部分条款执行指导（Guidance Documents on the Implementation of Certain Provisions of Regulation EC No 852/2004 on the Hygiene of Foodstuffs）、动物源性食品卫生法规部分条款执行指导（Guidance Documents on the Implementation of Certain Provisions of Regulation EC No 853/2004 on the Hygiene of Food of Animal Origin）等，对难以理解或容易误解的部分法规条款给予释义；特别指导文件，如即食食品单核细胞增生李斯特菌货架期研究指导文件（Guidance Documents on Listeria Monocytogenes Shelf-life Studies for Ready-to-eat Foods，under Regulation EC No 2073/2005 on Microbiological Criteria for Foodstuffs），对特定食品的某种微生物的控制提供技术指导。

（4）实施指南

欧盟成员国在欧盟食品微生物法规框架下，根据要求制定实施指南以协助企业理解和实施欧盟食品微生物标准法规，如"英国的微生物标准法规通用指南"（General Guidance for Food Business Operators on EC Regulation No. 2073/2005），指南对微生物标准法规中容易误解的部分进行了进一步的解释，对没有明确的条款进一步明确细化，对食品致病微生物制定分级监管措施，对特定高风险食品微生物的控制采取决策树分析法。旨在帮助企业更好地执行法律法规，其中的分级监管措施及决策树分析法值得研究借鉴。

2.1.3　德国

德国联邦政府分别于 2010 年和 2013 年发布了《国家生物经济研究战略2030：通向生物经济之路》和《国家生物经济政策战略》，计划 2011—2016年投入 24 亿欧元用于推动生物经济发展。项目目标是促进粮食安全、环境保护和可再生资源利用，通过发展生物经济实现经济和社会转型，摆脱对石油能源的依赖，增加就业机会，提高德国在经济和科研领域的全球竞争力。主要政策措施包括实施系列生物科研计划及可持续农业计划，支持中小企业研发创新；融入欧盟生物经济战略，参与欧盟生物经济研究项目与示范工程。2020 年 1 月，德国联邦政府又发布了新的《国家生物经济政策战略》，提出了德国未来生物经济发展的指导方针、战略目标及优先领域。

2.1.4　日本

日本的农业生物技术产品全部依赖于进口，是世界上人均进口转基因食品和饲料的第一大国。日本政府于 1995 年 11 月公布并实施了《科学技术基本计划》，从政府层面加强对未来科技发展的政策指导，综合性、有计划地推进科学技术振兴发展，之后每五年发布一期计划，至今已发布了 5 期。其中，第 1 期计划（1996—2000 年）强调要推进植物、动物和微生物等生物资源，以及

DNA 克隆、细胞和蛋白质等遗传资源的研究开发；第 2 期计划（2001—2005 年）明确了为确保粮食安全和丰富饮食文化，推进生物技术的研究开发等内容；第 3 期计划（2006—2010 年）将基因组研究、植物代谢和生物功能解析、生物有用物质生产、功能食品开发等列入重点研究；第 4 期计划（2011—2015 年）强调重点关注转基因生物技术等技术领域方向；第 5 期计划（2016—2020 年）强调围绕机器人、传感器、生物技术、纳米技术和材料、光量子等创造新价值的核心优势技术。

日本制定的有关生物技术及生物经济的综合性战略包括《生物技术战略大纲》（2002）、《促进生物技术创新的根本性强化措施》（2008）、《生物质战略》（2009）、《生物质产业化战略》（2012）、日本生物产业协会发布的《日本生物经济 2030 愿景：加强应对变化世界的生物产业的社会贡献》（2016）、《人类微生物组研究的战略建议》（2016）、《生物战略 2019——面向国际共鸣的生物社区的形成》（2019）等。

日本政府通过法律保障、监管机构、产品标识和关于规范转基因生物使用以确保用生物多样性的法律等来引导和管理微生物技术食品安全发展体系（图 2-1）。

1.法律保障

日本是较早对转基因食品安全做出法律规定的国家之一，已初步形成了自己独特的转基因食品安全法律体系。涉及法律《食品、农业和农村基本法》、《关于农作物资的规格化以及确定质量标识的法律》、《转基因食品检验法》和《转基因食品标识法》等

2.监管机构

主要机构为文部科学省、通产省、农林水产省和厚生劳动省。文部科学省负责审批实验室生物技术研究与开发；通产省负责推动生物技术在化学药品、化学产品和化肥生产方面的应用；农林水产省主要负责审批重组生物向环境的释放；厚生劳动省负责药品、食品和食品添加剂的审批，转基因食品的安全

3.产品标识

日本对转基因农产品采取强制标识和资源标识共存的制度；对转基因农产品及其加工食品、不区分转基因与非转基因的农产品及其加工食品进行强制标识。日本非转基因食品标识需要严格的IP认证，并施行分别生产流通管理

4.关于规范转基因生物使用以确保生物多样性的法律

日本按照卡塔赫纳法规对转基因生物进行环境安全评价，该法规主要由农林水产省负责实施，厚生省、文部科学省、环境省、财务省等按照职能分工负责相关事宜

图 2-1　日本关于微生物技术食品安全体系的建设情况

人群微生物组数据库被列为中国"十三五"规划的重点布局领域。

表 2-2　中国微生物产业相关战略及政策措施

序号	时间	发布机构	政策名称	政策内容
1	2007 年	国家发改委	生物产业发展"十一五"规划	提高酶工程、发酵工程等生物技术水平，加快微生物和酶制剂对传统化学制造过程的改造，显著降低医药、化工、食品、饲料、纺织、造纸等工业的能耗和污染水平。提高纤维素酶、半纤维素酶等的技术水平和产量，在造纸、纺织等工业中进行示范应用；开发新型酶制剂，发展生物漂白、生物制浆、生物制革和生物脱硫等绿色生产工艺，加快推广应用
2	2009 年	国务院	促进生物产业加快发展的若干政策	重点发展高性能水处理絮凝剂、混凝剂、杀菌剂及生物填料等生物技术产品，鼓励废水处理、垃圾处理、生态修复生物技术产品的研究和产业化。支持荒漠化防治、盐碱地治理、水域生态修复、抗重金属污染、超富集植物等新产品的生产和使用
3	2010 年	国务院	关于加快培育和发展战略性新兴产业的决定	大力发展用于重大疾病防治的生物技术药物、新型疫苗和诊断试剂、化学药物、现代中药等创新药物大品种，提升生物医药产业水平。着力培育生物育种产业，积极推广绿色农用生物产品，促进生物农业加快发展。推进生物制造关键技术开发、示范与应用
4	2011 年	国家发改委	当前优先发展的高技术产业化重点领域指南（2011 年度）	生物有机肥产品自 2008 年起免征增值税，其他微生物肥料产品按照生物制品征收 3% 增值税
5	2012 年	国务院	关于印发生物产业发展规划的通知	围绕传统工业过程的转型升级，加强生物催化剂、工业酶制剂新产品的开发和产业化，培育发展高效的工业用微生物菌种，推动微生物制造产业升级
6	2015 年	农业部	到 2020 年化肥使用量零增长行动方案	明确"有机肥替代化肥"的技术路径，力争实现农药化肥的零增长，明确生物肥料是实现该行动的重要替代产品，其作用也越来越凸显，对保障国家粮食安全、农产品质量安全和农业生态安全具有十分重要的意义
7	2016 年	国务院	"十三五"国家科技创新规划	将人体微生物组摆在重要位置，明确提出了"开展人体微生物组解析及调控等关键技术研究"的任务，也突出强调了肠道微生态研究在现代食品制造技术中的应用
8	2016 年	国务院	"十三五"国家战略性新兴产业发展规划	提出要加快发展微生物基因组工程、酶分子机器、细胞工厂等新技术，提升工业生物技术产品经济性，推进生物制造技术向化工、材料、能源等领域渗透应用，推动以清洁生物加工方式逐步替代传统化学加工方式，实现可再生资源逐步替代化石资源

（续表）

序号	时间	发布机构	政策名称	政策内容
9	2017 年	科技部	科技部党组〔2017〕1 号文件	提出要深入实施创新驱动发展战略，筑牢基础前沿研究根基，强化原始创新能力，发展重大颠覆性技术，在微生物组、人工智能等领域创新组织模式和管理机制，部署若干重大项目
10	2017 年	科技部	"十三五"生物技术创新专项规划	确定了"力争在微生物组学技术等方面取得重大突破，使相关研究水平进入世界先进行列"的目标要求
11	2018 年	科技部	国家生物技术发展战略纲要	科技部会同有关部门共同推进《国家生物技术发展战略纲要》的编制工作，在国家战略层面对生物技术及产业发展进行顶层设计和统筹部署

"十二五"期间，通过国家高技术研究发展计划（863 计划）和国家重点基础研究发展计划（973 计划）布局了合成生物学、工业微生物基因组及分子改造和固体发酵工艺系统优化等重大项目。

"十三五"期间，通过重点研发计划"食品安全关键技术研发""生物安全关键技术研发""主动健康和老龄化科技应对"等重点专项布局了人体微生物等研究项目。通过科技创新 2030 重大专项"健康保障工程"的实施和布局，积极推进菌种高效培养、高活保持、高效递送、微生物分离培养、新菌种培育等技术研发，以及微生物肥料、诊断芯片和功能食品等产品研制，加强微生物研究在农业、食品和药物领域的应用和产业化，系统提升我国微生物研究创新和产业发展。

2017 年 10 月 12 日，由世界微生物数据中心和中国科学院微生物研究所牵头，联合全球 12 个国家的微生物资源保藏中心，宣布共同发起全球微生物模式菌株基因组和微生物组测序合作计划。该计划将覆盖超过目前已知 90% 的细菌模式菌株，完成超过 1000 个微生物组样本测序。

2017 年 10 月 26 日，微生物组创新创业者协会倡议发起中国肠道宏基因组计划（Chinese Gut Metagenomics Project），以推动我国在人体微生物组领域的发展。之后不久，2017 年 12 月 20 日，中国科学院牵头启动"中国科学院微生物组计划"，该计划整合了中国科学院下属研究所和北京协和医院等 14 家机构，联手攻关"人体与环境健康的微生物组共性技术研究"。

在相关政策推动下，中国的科研机构和产业机构热情高涨，持续致力于菌群的基础研究、工具开发、数据库建设和转化应用。目前，我国科学家已在微生物研究领域取得了一批重要成果，如在微生物种质资源、功能微生物组在环境修复与营养健康等领域的应用、人工合成酵母染色体等方向取得重要进展。

（2）平台建设

先后批准建立了微生物技术国家重点实验室、微生物资源前期开发国家重点实验室、农业微生物学国家重点实验室、微生物代谢国家重点实验室、病原微生物生物安全国家重点实验室、真菌学国家重点实验室、国家微生物科学数据中心等。同时，国家微生物菌种资源平台的专项建设支持使我国微生物样本库的建设水平也得到显著提升。

在加强微生物资源的保护、开发和利用方面，布局建设国家生物信息中心，在目前已建立的微生物菌种保藏体系的基础上，进一步加强国家生物种质资源库、微生物菌种保藏库等微生物分类保藏和共享平台的建设，加大微生物资源的保藏和利用管理及知识产权保护力度，推动微生物资源的开放共享。

（3）监管体系

——转基因微生物监管

转基因微生物可以被应用到农药、肥料等领域，能够产生明显的经济效益，转基因微生物及其产品在进行生产前，人们必须对其可能给人类和动物健康带来的风险进行有效的评估。尤其是产品中涉及活体转基因微生物，需要提供更多的信息。在对自克隆微生物进行风险评估时需采取个案处理，但相近的或相同的品种的基因进行自克隆时，历史和相应的品种的使用情况必须加以考虑。从总的生产实践来看，目前所使用的转基因微生物生产的产品无论在农业、食品工业领域还是在医药、能源等领域都是安全的。

我国在法律层面提出"转基因"相关概念可以追溯到 2000 年的《中华人民共和国种子法》（该法提出了"转基因植物品种"）和《中华人民共和国渔业法》（该法提出了"转基因水产苗种"）。此后陆续出台了《中华人民共和国农业法》（2002 年颁布，该法提出了目前普遍采用的"农业转基因生物"概念）及《中华人民共和国畜牧法》（2005 年颁布，该法提出了"转基因畜禽品种"）等法律。这些法律只对相关的转基因品种在选育、试验等过程提出较为笼统的"进行安全性评价""采取安全控制措施"等要求，在标注方面也仅要求对转基因种子"用明显的文字进行标注"。

仅有上述规定显然不足以对日益普遍的转基因技术及其制品进行管理。在我国，对于该领域具有普遍约束力和指导意义的专门法规自 2001 年起相继出台，国务院颁布的《农业转基因生物安全管理条例》（2017 年 10 月修订）以规范境内农业转基因生物的研究、试验、生产、加工、经营和进出口活动。此后，农业部（现农业农村部）于 2002 年连续发布了《农业转基因生物安全评价管理办法》（简称《安全评价办法》）、《农业转基因生物进口安全管理办法》和《农业转基因生物标识管理办法》（简称《标识管理办法》）3 个配套规章，标志着我国对农业转基因生物主要环节的法律体系基本建立。《条例》和 3 个配套规章后续进行了多次修订，目前，《条例》和 3 个配套规章仍是我国农业转基因生物领域的重要法规，和具有较高位阶的各个部门法及其他相关的规定一起构成了我国现行的转基因生物的基本管理制度。

就主管机关而言，农业农村部及其下属农业部门负责全国农业转基因生物安全的监督管理工作，农业农村部还负责审核和发放对于农业转基因作物相关行业的经营具有重要意义的"农业转基因生物安全证书"，是农业转基因生物行业的主管部门。

除此之外，由于农业转基因作物涉及市场准入、国内流通、进出口、标识管理和多种生物（如林木等）诸多方面，因此，除农业主管部门外，林业部门、科技部门、发展改革委员会、商务主管部门、海关和市场监管部门在相关环节都对相关产品具有监管的权力。

我国转基因农产品生产遵循 3 个原则：第一，我们对转基因管理严格按照法律法规进行，只有通过安全评价才能获得生产证书；第二，我国按照非食用、间接食用、食用的路线图发展转基因农产品；第三，充分考虑需求，批准抗虫害、抗旱等农作物的生产。我国目前只批准了棉花和番木瓜的商品化生产，没有批准转基因微生物产品的生产。目前科学界普遍认为转基因产品是安全的，建议在国家层面加强监管，允许符合安全性的转基因微生物产品生产销售，以促进我国农业合理健康发展。

——医疗器械微生物检验监管

对于有微生物检验要求的医疗器械生产企业，尤其是高风险医疗器械（包括无菌医疗器械、植入性医疗器械），微生物学检验是这类产品质量标准中十分重要的指标。同时，如何按照法定的方法和标准进行检验，对于确保医疗器械产品的质量和使用安全也十分重要。

在我国，先后出台的《中华人民共和国药典》、《体外诊断试剂用纯化水》（YY/T 1244—2014）、《无菌医疗器具生产管理规范》（YY 0033—2000）、《医药工业洁净室（区）浮游菌的测试方法》（GB/T 16293—2010）、《医药工业洁净室（区）沉降菌的测试方法》（GB/T 16294—2010）等法规对微生物限度检验和浮游菌、沉降菌检验等要点进行了明确要求，从而保障医疗器械的安全性和有效性。

——实验室微生物安全监管

国务院于 2004 年发布《病原微生物实验室生物安全管理条例》，旨在加强病原微生物实验室生物安全管理，保护实验室工作人员和公众的健康。对病原微生物的分类和管理，国家根据实验室对病原微生物的生物安全防护水平，依照实验室生物安全国家标准的规定，将实验室分为一级、二级、三级、四级。同时制定了实验室感染控制和监督管理、法律责任等制度。

2020 年 7 月 13 日，国家卫健委办公厅发布《关于在常态化新冠肺炎疫情防控中进一步加强实验室生物安全监督管理的通知》，从 4 个方面对进一步加强实验室生物安全监督管理提出了具体要求。一是严格执行新型冠状病毒实验活动管理要求。强调新型冠状病毒（以下简称新冠病毒）按照第二类病原微生物进行管理，要求各地卫生健康行政部门应当要求生物安全实验室严格按照防护要求开展相关实验活动。二是做好实验室生物安全服务保障和规范管理。要求各地卫生健康行政部门做好检测实验室备案管理工作，压实实验室设立单位主体责任。三是加强新冠病毒毒株及相关样本管理。要求各地卫生健康行政部门依法依规严格管理新冠病毒毒株和相关样本，确保安全。提出对"应检尽检"和"愿检尽检"人员检测样本进行区别管理。"应检尽检"人员检测样本严格按照高致病性病原微生物样本管理；"愿检尽检"人员检测样本，经样本运出单位生物安全专家委员会进行风险评估后，可按照普通样本管理。四是加强实验室生物安全监管。要求各省级卫生健康行政部门切实加强组织领导，提升实验室生物安全监管能力，按照属地化、分级分类的原则开展实验室生物安全监管工作，强化新冠病毒实验活动监督检查。

——微生物菌（毒）种保藏管理

为进一步加强动物病原微生物菌（毒）种保藏管理，更好地保护和利用我国微生物资源，推进生物科学技术发展，有效防范和化解生物安全风险，《中华人民共和国动物防疫法》《病原微生物实验室生物安全管理条例》《兽药管理条例》《动物病原微生物菌（毒）种保藏管理办法》等法律法规规定，必须由指定的国家动物病原微生物菌（毒）种保藏机构管理。2020 年 9 月农业农村部第 336 号公告明确要求各保藏机构要严格按照有关法律法规和农业农村部相关规定要求，做好病原微生物菌（毒）种保藏管理。农业农村部对保藏机构实行动态管理，将根据保藏管理情况及检查评估结果，适时调整保藏机构名单。

——食品微生物安全管理

《中华人民共和国食品安全法》要求制定相关标准，并对食品、食品添加剂、食品相关产品中的致病性微生物限量做出规定；明确规定禁止生产经营含致病性微生物的食品、食品添加剂、食品相关产品，对违法行为将进行处罚。

2019年国务院《关于深化改革加强食品安全工作的意见》中指出，要立足国情、对接国际，加快制修订致病性微生物等食品安全通用标准，基本与国际食品法典标准接轨。

目前我国实行的微生物标准体系当中，2010年发布了10项微生物检验方法，2012年和2013年又发布了9项。在《食品卫生微生物学检验标准-4789》系列当中，40项中已经有19项进行了完整的修订。目前，《食品中致病菌限量》（GB 29921—2013）已经发布，对食品当中的致病菌规定了限量，对食品和食品相关产品中致病微生物、农药残留、重金属要求进行监测，其中对致病菌监测是第一大项，而且是食品安全标准重要组成部分。

——药品微生物监管

有些药品中含有微生物作为成分，如曲类、乳酸菌类的微生物制剂；此外，药品也很容易被微生物污染。中国食品药品监督管理局2007年公布了《药品召回管理办法》，要求对存有安全隐患的药品进行召回管理。

《中华人民共和国药典》也明确了关于药品微生物检查的法定方法。2019年药典委发布《2020版药典凡例》《微生物限度检查法》《生物制品》等国家标准草案，将对药品微生物监管体系的完善起到重要作用。

第 3 章

全球微生物资源保藏现状

内容提要

对 WIPO 公开的"国际保藏机构 2010—2019 年专利微生物保藏与发放"数据进行了统计分析。结果表明：

全球 26 个国家的 47 个国际保藏机构共保藏专利微生物 52 341 株，发放 134 506 株。专利微生物的保藏处于稳定增长阶段，2010—2016 年，每年专利菌种发放量 11 000 株以上；2017—2018 年，发放量略有下降；2019 年发放量急剧上升突破 20 000 株达 24 995 株。中、美两国在专利微生物菌种保藏量上处于领先地位，两国合计占全球专利微生物菌种保藏量的 71.43%。美国发放专利微生物菌种 128 574 株，占全球发放量的 95.59%，在菌种发放量上处于垄断地位，其中美国的专利法对美国生物技术的开发和利用起到积极促进作用。

从国际保藏机构情况看，中国 CGMCC 保藏专利微生物 15 738 株，占全球菌种保藏量的 30.07%，保藏量居全球第 1 位；其次是中国 CCTCC，保藏专利微生物 9904 株，占全球保藏量的 18.92%，保藏量居全球第 2 位；美国 ATCC 以保藏专利微生物 9001 株，占全球保藏量的 17.20%，保藏量居第 3 位。从 Top10 保藏机构的年度保藏趋势可以看出，2010 年中国的 CGMCC 的菌种保藏量首次超过美国的 ATCC，之后保藏量一直处于首位。中国的 CCTCC 在 2015 年后跃升到保藏量第 2 位，之后仍保持持续增长的态势。美国的 ATCC 年度新增保藏量维持在 1000 株左右。2010—2019 年，47 个国际保藏机构共发放专利微生物 134 506 株，美国 ATCC 菌种发放量为 124 794 株，占全球菌种发放量的 92.78%，发放量位居全球第 1 位。ATCC 的菌种发放量占绝对优势，中国的 CCTCC 和 CGMCC 在保藏量上居优先地位，但发放量较低，菌种利用程度不高。

3.1 数据来源

根据世界知识产权组织（WIPO）公开的"国际保藏单位 2001—2019 年专利微生物保藏与发放"数据进行统计分析，该数据是依据《布达佩斯条约》实施细则第十一条发放的保藏 / 样品的件数——根据国际局在年度调查中向国际保藏单位索要的信息对专利微生物数据进行统计的结果。

3.2 全球专利菌种保藏与发放情况

通过 WIPO 数据库统计，2010—2019 年，全球 26 个国家的 47 个国际保藏单位共保藏专利微生物 52 341 株，发放 134 506 株。从保藏量来看，2010—2012 年，保藏量从 3982 株增长到 4790 株；2013—2016 年，保藏量基本维持在 5000 株左右；2017—2019 年增速明显，从 2017 年的 5806 株，增长到 2019 年的 7370 株。从菌株发放量来看，2010—2016 年，每年专利菌种发放量 11 000 株以上；2017—2018 年，发放量略有下降；2019 年发放量急剧上升突破 20 000 株，达到 24 995 株（图 3-1）。

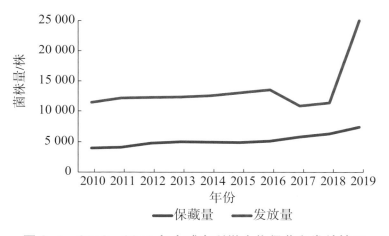

图 3-1　2010—2019 年全球专利微生物保藏和发放情况

2010—2019 年，中国的 3 个国际保藏单位专利菌种保藏量为 26 584 株，占全球专利微生物菌种保藏量的 50.79%，位居保藏量第 1 位；美国的 3 个国际保藏单位保藏 10 802 株，占全球专利微生物菌种保藏量的 20.64%，居第 2 位；韩国以 4432 株的保藏量居第 3 位，占全球专利微生物菌种保藏量的 8.47%；德国保藏量为 2239 株，居第 4 位；英国居第 5 位，保藏 2165 株。第 6～10 位依次是日本（1363 株）、法国（1224 株）、印度（964 株）、西班牙（566 株）

和波兰（360 株）。总体上看，中、美两国在专利微生物菌种保藏量上处于领先地位，合计占全球专利微生物菌种保藏量的 71.43%（表 3-1）。

表 3-1　2010—2019 年全球专利微生物保藏量排名居前 10 位的国家

国家	国际保藏单位 / 个	保藏量 / 株	占比
中国	3	26 584	50.79%
美国	3	10 802	20.64%
韩国	4	4432	8.47%
德国	1	2239	4.28%
英国	7	2165	4.14%
日本	2	1363	2.60%
法国	1	1224	2.34%
印度	2	964	1.84%
西班牙	2	566	1.08%
波兰	2	360	0.69%

从图 3-2 可以看出，中国的专利微生物保藏处于快速增长状态，2010—2013 年保藏量从 1473 株增加到 2593 株，增长了 0.76 倍；2014—2019 年保藏量从 2527 株增加到 4114 株，增长了 0.62 倍。2010—2019 年，美国的专利微生物菌种保藏量一直维持在一个平稳状态。韩国、德国、英国、日本、法国、印度、西班牙和波兰年菌种保藏量均低于 1000 株。

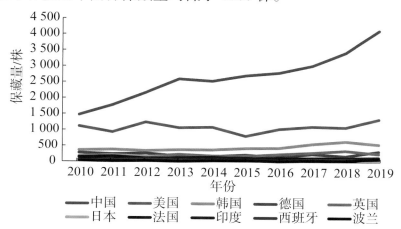

图 3-2　2010—2019 年全球专利微生物保藏量排名居前 10 位的国家保藏量年度变化

2010—2019 年，全球 26 个国家共发放专利微生物 134 506 株中，其中美国发放专利微生物菌种 128 574 株，占全球发放量的 95.59%；其次是德国，发放 1200 株，占全球发放量的 0.89%；韩国以发放 946 株，排在第 3 位；中国发放 886 株，排在第 4 位；第 5 ~ 10 位依次是日本（692 株）、法国（617 株）、英国（546 株）、西班牙（301 株）、比利时（125 株）和捷克（112 株）。可见，美国在菌种发放量上处于垄断地位，美国的专利法对美国生物技术的开发和利用起到了积极促进作用（表 3-2）。

表 3-2　2010—2019 年全球专利微生物发放量排名居前 10 位的国家

国家	国际保藏单位 / 个	发放量 / 株	占比
美国	3	128 574	95.59%
德国	1	1200	0.89%
韩国	4	946	0.70%
中国	3	886	0.66%
日本	2	692	0.51%
法国	1	617	0.46%
英国	7	546	0.41%
西班牙	2	301	0.22%
比利时	1	125	0.09%
捷克	1	112	0.08%

3.3　全球微生物保藏机构保藏与发放情况

2010—2019 年，全球 47 个国际保藏单位共保藏专利微生物 52 341 株，其中，中国 CGMCC 保藏专利微生物 15 738 株，占全球菌种保藏量的 30.07%，保藏量居全球第 1 位；其次是中国 CCTCC，保藏 9904 株，占全球保藏量的 18.92%，居全球第 2 位；美国 ATCC 以保藏 9001 株，占全球保藏量的 17.20%，居全球第 3 位；第 4 ~ 10 位依次是韩国 KCTC（2482 株）、德国 DSMZ（2239 株）、英国 NCIMB（1817 株）、韩国 KCCM（1591 株）、美国 NRRL（1523 株）、法国 CNCM（1224 株）和日本 NPMD（950 株），这些机构的保藏量分别只占全球保藏量的 1% ~ 5%（表 3-3）。

表 3-3　2010—2019 年全球菌种保藏量排名居前 10 位的保藏单位

国际保藏单位	中文名称	保藏量 / 株	占比
China General Microbiological Culture Collection Center (CGMCC)	中国普通微生物菌种保藏管理中心	15 738	30.07%
China Center for Type Culture Collection (CCTCC)	中国典型培养物保藏中心	9904	18.92%

（续表）

国际保藏单位	中文名称	保藏量 / 株	占比
American Type Culture Collection (ATCC)	美国典型菌种保藏中心	9001	17.20%
Korean Collection for Type Cultures (KCTC)	韩国典型菌种保藏中心	2482	4.74%
Leibniz-Institut DSMZ-Deutsche Sammlung von Mikroorganismen und Zellkulturen GmbH (DSMZ)	德国微生物菌种保藏中心	2239	4.28%
National Collections of Industrial, Food and Marine Bacteria (NCIMB)	英国工业、食品及海洋细菌保藏中心	1817	3.47%
Korean Culture Center of Microorganisms (KCCM)	韩国微生物菌种保藏中心	1591	3.04%
Agricultural Research Service Culture Collection (NRRL)	美国农业菌种保藏中心	1523	2.91%
Collection nationale de cultures de micro-organismes (CNCM)	法国巴斯德研究所保藏中心	1224	2.34%
National Institute of Technology and Evaluation, Patent Microorganisms Depositary (NPMD)	日本技术评价研究所生物资源中心	950	1.82%

从图 3-3 可以看出，2010 年中国的 CGMCC 的菌种保藏量首次超过美国的 ATCC，之后保藏量一直处于首位。中国的 CCTCC 在 2015 年后跃升到保藏量第 2 位，之后仍保持持续增长的态势。美国的 ATCC 年度新增保藏量维持在1000 株左右。

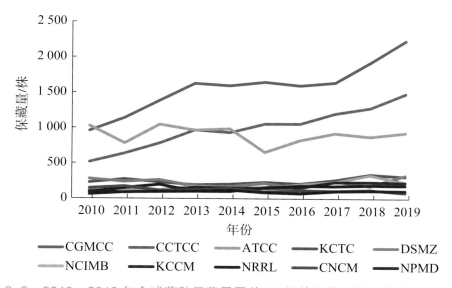

图 3-3　2010—2019 年全球菌种保藏量居前 10 位的保藏机构保藏量年度趋势

2010—2019 年，47 个国际保藏单位共发放专利微生物 134 506 株，其中美国 ATCC 菌种发放量为 124 794 株，占全球菌种发放量的 92.78%，发放量居全球第 1 位；其次是美国 NRRL，发放 3779 株，占全球菌种发放量的 2.81%，居全球第 2 位；德国 DSMZ 以发放 1200 株居第 3 位，占全球菌种发放量的 0.89%；第 4 ~ 10 位依次是日本 IPOD（659 株）、法国 CNCM（617 株）、韩国 KCTC（467 株）、中国 CCTCC（447 株）、中国 CGMCC（437 株）、英国 NCIMB（410 株）和西班牙 CECT（283 株），以上国际保藏单位的菌种发放量低于全球发放量的 1%（表 3-4）。

表 3-4 2010—2019 年全球菌种发放量居前 10 位的保藏单位

国际保藏单位	中文名称	发放量/株	占比
American Type Culture Collection (ATCC)	美国典型菌种保藏中心	124 794	92.78%
Agricultural Research Service Culture Collection (NRRL)	美国农业菌种保藏中心	3779	2.81%
Leibniz-Institut DSMZ - Deutsche Sammlung von Mikroorganismen und Zellkulturen GmbH (DSMZ)	德国微生物菌种保藏中心	1200	0.89%
International Patent Organism Depositary (IPOD)	日本国际专利生物保藏中心	659	0.49%
Collection nationale de cultures de micro-organismes (CNCM)	法国巴斯德研究所保藏中心	617	0.46%
Korean Collection for Type Cultures (KCTC)	韩国典型菌种保藏中心	467	0.35%
China Center for Type Culture Collection (CCTCC)	中国典型培养物保藏中心	447	0.33%
China General Microbiological Culture Collection Center (CGMCC)	中国普通微生物菌种保藏管理中心	437	0.32%
National Collections of Industrial, Food and Marine Bacteria (NCIMB)	英国工业食品及海洋细菌菌种保藏中心	410	0.30%
Colección Española de Cultivos Tipo (CECT)	西班牙典型培养物保藏中心	283	0.21%

可见，ATCC 的菌种发放量占绝对优势，中国的 CCTCC 和 CGMCC 在保藏量上居于优先地位，但发放量较低，菌种利用程度不高。

第 4 章

全球微生物领域基础研究发展态势

内容提要

2010—2019 年，全球微生物领域共发表基础研究论文 612 188 篇，发文量最多的国家是美国（占全球发文总量的 28.21%），其次是中国（占 18.61%），德国、英国、日本、法国、印度、西班牙、韩国、加拿大等也有一定的比例。发文量排名居前 25 位的机构中，包含 13 家美国机构、4 家中国机构、4 家法国机构，另外，有英国、西班牙、德国和巴西研究机构各 1 家。

微生物领域核心论文共 51 316 篇，美国参与的核心论文约占全球全部核心论文的 50%，中国约占 14%，另外，英国、德国、法国、加拿大、荷兰、澳大利亚、瑞士、西班牙等也占有一定的比例。主要研究机构分布在美国、英国、德国、中国、法国、澳大利亚等国家和地区。排名居全球前 50 位的中国机构只有中国科学院（居第 2 位，数据不包括中国科学院大学），进入前 100 名的中国机构还有清华大学（居第 63 位）、浙江大学（居第 65 位）、中国科学院大学（居第 67 位）、北京大学（居第 93 位）、上海交通大学（居第 94 位）、香港大学（居第 99 位）等。全球主要研究国家均有一定程度的合作关系，美国是全球主要国家的首选合作对象。微生物领域核心论文篇均被引 121.25 次，主要国家的篇均被引在 95.59 ~ 137.63 次，中国的篇均被引为 95.59 次，低于全球平均水平。2010—2019 年全球微生物领域核心论文研究方向主要集中在微生物基因识别表达研究、微生物进化研究、微生物群落及生物多样性研究、病毒感染应对与治疗、微生物抗性免疫性研究、流行病疫苗研制与应用、生物合成、微生物结构、生物传感器、生物质利用等方面；在基因序列预测、工程化微生物（包括微生物降解）、催化活性、微生物群落、微生物医学应用、深度学习等方面论文产出量增速度较快，在基因表达与转录、基因标识、菌株等方面论文产出量下降较快。另外在研方向上，主要国家有较高的相似度，但机构间的研究方向存在较大差异。

微生物领域位居前 10 位的热点前沿包含 2 个药物/疫苗开发相关前沿，分别是"靶向 SARS-CoV-2 主要蛋白酶（Mpro）的新药设计"和"广谱 HIV-1 中和抗体研究"；3 个传染病相关热点前沿，分别是"新型猪圆环病毒–PCV3 研究"、"埃博拉病毒的传播机制、临床症状及预防"和"寨卡病毒导致小头畸形的致病机制、感染模型研究"；2 个耐药机制研究方向的热点前沿，分别是"致命耐药性假丝酵母研究"和"细菌耐药性机制研究"；另外，还包含 1 个微生物基因组方向的热点前沿（微生物基因组系统发育与进化）、1 个肠道微生物研究方向的研究前沿（肠道微生物代谢物 TMAO 与心血管疾病、肾脏疾病等慢性病的关系）和 1 个单步硝化菌的发现和培养热点前沿。

4.1　总体研究态势

4.1.1　发文量及趋势分析

2010—2019 年，全球关于微生物研究共发表基础研究论文 612 188 篇。从年度发文量来看，从 2010 年发表论文 49 658 篇逐渐增加到 2019 年的 68 183 篇，复合年均增长率为 3.59%，微生物领域基础研究仍处于一个稳定增长的阶段（表 4-1 和图 4-1）。

表 4-1　2010—2019 年全球微生物领域研究论文年度产出情况

年份	发文量 / 篇	占比
2010	49 658	8.11%
2011	55 877	9.13%
2012	56 663	9.26%
2013	60 577	9.90%
2014	61 949	10.12%
2015	63 678	10.40%
2016	64 192	10.49%
2017	66 310	10.83%
2018	65 102	10.63%
2019	68 183	11.14%

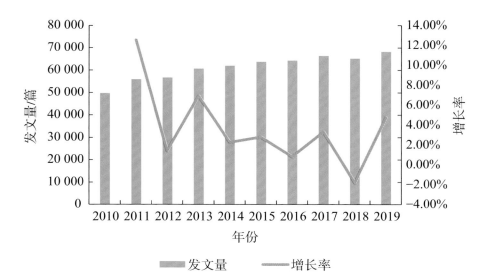

图 4-1　2010—2019 年全球微生物领域研究论文年度产出态势

4.1.2　主要国家和地区论文产出比较

2010—2019 年，微生物领域发文量最多的是美国，共发表论文 172 696 篇，占全球发文总量的 28.21%；其次是中国，以发文量 113 929 篇，占全球发文总量的 18.61%；德国和英国紧随其后，发文量也相当，分别占全球总发文量的 7.18% 和 7.06%；发文量较多的国家和地区还包括日本、法国、印度、西班牙、韩国、加拿大等（表 4-2）。

表 4-2　微生物领域发文量居前 25 位的国家和地区发文情况

国家 / 地区	发文量 / 篇	占比	被引频次	篇均被引 / 次
美国（USA）	172 696	28.21%	5 639 173	32.65
中国①（China）	113 929	18.61%	1 758 575	15.44
德国（Germany）	43 961	7.18%	1 275 122	29.01
英国（Uk）	43 237	7.06%	1 528 026	35.34
日本（Japan）	34 186	5.58%	621 851	18.19
法国（France）	33 115	5.41%	920 228	27.79
印度（India）	29 091	4.75%	461 023	15.85
西班牙（Spain）	26 348	4.30%	619 864	23.53
韩国（South Korea）	24 846	4.06%	416 772	16.77
加拿大（Canada）	24 491	4.00%	706 475	28.85
意大利（Italy）	23 199	3.79%	535 775	23.09
巴西（Brazil）	20 711	3.38%	336 739	16.26
澳大利亚（Australia）	20 427	3.34%	619 911	30.35
荷兰（Netherlands）	18 119	2.96%	605 675	33.43
瑞士（Switzerland）	13 386	2.19%	454 629	33.96
比利时（Belgium）	11 272	1.84%	338 509	30.03
瑞典（Sweden）	11 140	1.82%	377 919	33.92
中国台湾（Taiwan）	9937	1.62%	171 521	17.26
伊朗（Iran）	9466	1.55%	109 366	11.55
丹麦（Denmark）	9386	1.53%	320 881	34.19
南非（South Africa）	7882	1.29%	172 188	21.85

① 数据不含香港和澳门，按统计需求中国台湾数据单独统计。

（续表）

国家/地区	发文量/篇	占比	被引频次	篇均被引/次
波兰（Poland）	7541	1.23%	108 224	14.35
土耳其（Turkey）	7285	1.19%	91 432	12.55
泰国（Thailand）	7205	1.18%	131 910	18.31
奥地利（Austria）	7082	1.16%	205 745	29.05

4.1.3　主要研究机构分析

2010—2019年，微生物领域发文量排名居前25位的研究机构中，包含13家美国机构、4家中国机构、4家法国机构，另外有英国、西班牙、德国和巴西研究机构各1家。美国加州大学系统以发文量18 769篇居第1位，占总发文量的3.07%，在Top 25研究机构中篇均被引次数居第3位。Top 25研究机构中仅出现中国科学院、浙江大学、中国科学院大学和中国农业科学院4家中国的科研机构，其中中国科学院以发文量15 394篇居全球第2位，但篇均被引频次数偏低，位于Top 25机构的第21位（表4-3）。

表 4-3　微生物领域发文量居前 25 位的研究机构

研究机构	发文量/篇	占比	被引频次	篇均被引/次
加州大学系统 （University of California system）	18 769	3.07%	859 462	45.79
中国科学院 （Chinese Academy of Sciences）	15 394	2.52%	339 660	22.06
法国国家科学研究中心 （Centre National de la Recherche Scientifique ,CNRS）	14 000	2.29%	396 175	28.30
哈佛大学（Harvard University）	10 634	1.74%	691 824	65.06
法国国家健康与医学研究院 （Institut National de la Sante Et de la Recherche Medicale, INSERM）	9198	1.50%	275 737	29.98
美国国立卫生研究院（National Institues of Health, NIH）	8902	1.45%	388 512	43.64
英国伦敦大学（University of London）	7651	1.25%	250 655	32.76
西班牙国家研究委员会 （Consejo Superior de Investigaciones Cientificas, CSIC）	7440	1.22%	184 854	24.85

（续表）

研究机构	发文量/篇	占比	被引频次	篇均被引/次
得克萨斯大学系统（University of Texas System）	6860	1.12%	259 458	37.82
美国农业部（United States Department of Agriculture, USDA）	6634	1.08%	159 955	24.11
法国国家农业食品与环境研究院(INRAE)	6436	1.05%	193 917	30.13
德国亥姆霍兹协会（Helmholtz Association）	6363	1.04%	226 681	35.62
美国能源部（United States Department of Energy, DOE）	6204	1.01%	304 390	49.06
法国巴斯德研究所（Le Reseau International des Instituts Pasteur, RIIP）	5595	0.91%	160 676	28.72
美国北卡罗来纳大学（University of North Carolina）	5379	0.88%	204 863	38.09
美国宾州联邦高等教育系统（Pennsylvania Commonwealth System of Higher Education , PCSHE）	5339	0.87%	186 233	34.88
美国佛罗里达州立大学系统（State University System of Florida）	5187	0.85%	140 218	27.03
美国约翰霍普金斯大学（Johns Hopkins University）	5162	0.84%	200 331	38.81
浙江大学（Zhejiang University）	5049	0.83%	93 746	18.57
美国疾病控制中心（Centers for Disease Control Prevention Usa）	4982	0.81%	156 849	31.48
中国科学院大学（University of Chinese Academy of Sciences）	4833	0.79%	94 499	19.55
中国农业科学院（Chinese Academy of Agricultural Sciences）	4813	0.79%	66 095	13.73
巴西圣保罗大学（Universidade de São Paulo）	4755	0.78%	84 296	17.73
美国华盛顿大学（University of Washington）	4680	0.76%	201 590	43.07
美国华盛顿大学西雅图分校（University of Washington Seattle）	4635	0.76%	200 027	43.16

4.1.4　主要基金资助机构

微生物领域基金论文量 Top 25 的基金资助机构资助的研究者共发文403 679 篇，占总发文量的 65.94%。其中所资助研究论文产出最多的是美国卫生和公众服务部，其资助发文量占全球基金资助的发文量的 11.91%；其次是美国国立卫生研究院，资助发文量占全球基金资助发文量的 11.58%；我国国家自然科学基金委员会资助的研究共产出论文 63 040 篇，占 10.30%。在 Top 25 基金资助机构中，美国 7 所，中国机构 4 所，巴西和英国各 3 所，日本和加拿大各 2 所，欧盟、德国、法国、西班牙各有 1 所（表 4-4）。

表 4-4　微生物领域基金论文量 Top 25 的基金资助机构

基金资助机构	资助发文量 / 篇	占比
美国卫生和公众服务部（United States Department of Health and Human Services）	72 889	11.91%
美国国立卫生研究院（National Institutes of Health，NIH）	70 914	11.58%
国家自然科学基金委员会（National Natural Science Foundation of China，NSFC）	63 040	10.30%
美国国家科学基金会（National Science Foundation，NSF）	18 161	2.97%
欧盟（European Union, EU）	15 808	2.58%
日本文部科学省（Ministry of Education, Culture Sports, Science and Technology Japan，MEXT）	15 570	2.54%
美国国家过敏症和传染病研究所（National Institute of Allergy and Infectious Diseases，NIAID）	14 992	2.45%
德国科学基金会（German Research Foundation, DFG）	12 397	2.03%
巴西国家科学技术发展委员会（National Council for Scientific and Technological Development, CNPQ）	10 827	1.77%
国家重点基础研究发展计划（National Basic Research Program of China）	10 761	1.76%
日本学术振兴会（Japan Society for the Promotion of Science）	9198	1.50%
英国医学研究理事会（Medical Research Council UK，MRC）	7408	1.21%
英国惠康基金会（Wellcome Trust）	7342	1.20%
美国能源部（United States Department of Energy，DOE）	7169	1.17%
国家高技术研究发展计划（National High Technology Research and Development Program of China）	7071	1.16%
巴西教育部高教基金委员会（CAPES）	7034	1.15%

（续表）

基金资助机构	资助发文量 / 篇	占比
加拿大自然科学和工程研究理事会（Natural Sciences and Engineering Research Council of Canada, NSERC）	6878	1.12%
西班牙政府（Spanish Government）	6587	1.08%
法国国家研究总署（French National Research Agency, ANR）	6558	1.07%
英国生物技术与生物科学研究理事会（Biotechnology and Biological Sciences Research Council, BBSRC）	6527	1.07%
中央高校基本科研业务费专项资金（Fundamental Research Funds for the Central Universities）	5986	0.98%
加拿大卫生研究院（Canadian Institutes of Health Research , CIHR）	5541	0.91%
美国国家癌症研究院（NIH National Cancer Institute , NCI）	5183	0.85%
美国农业部（United States Department of Agriculture , USDA）	5067	0.83%
巴西圣保罗研究基金会（Fundacao de amparo a Pesquisa do Estado de Sao Paulo, FAPESP）	4771	0.78%

4.1.5　研究前沿

　　根据美国科睿唯安（Clarivate Analytics）基本科学指标数据库（ESI），近年来全球微生物领域位居前 10 位的热点前沿[①]包括 2 个药物 / 疫苗开发相关前沿，分别是"靶向 SARS-CoV-2 主要蛋白酶（Mpro）的新药设计"和"广谱 HIV-1 中和抗体研究"；3 个传染病相关热点前沿，分别是"新型猪圆环病毒 -PCV3 研究"、"埃博拉病毒的传播机制、临床症状及预防"和"寨卡病毒导致小头畸形的致病机制、感染模型研究"；2 个耐药机制研究方向的热点前沿，分别是"致命耐药性假丝酵母研究"和"细菌耐药性机制研究"；另外还包含 1 个微生物基因组方向的热点前沿（微生物基因组系统发育与进化）、1 个肠道微生物研究方向的研究前沿（肠道微生物代谢物 TMAO 与心血管疾病、肾脏疾病等慢性病的关系）和 1 个单步硝化菌的发现和培养热点前沿（表 4-5）。

[①]　注：ESI 数据库中 21 个学科领域的研究前沿按照总被引用次数进行排序，排在前 10% 的研究前沿会被提取出来。提取出来的研究前沿再通过其核心文献的平均出版年份进行排序，选取各领域中"最年轻"的 10 个研究前沿。最终的分析表格会呈现这些研究前沿背后核心文献的数量、被引用次数以及平均出版年份。

表 4-5　微生物学领域 Top10 的热点前沿

排名	热点前沿	前沿主题	核心论文数 / 篇	被引频次	核心论文平均出版年
1	Targeting Host-Specific SARS-Cov-2 Structurally Conserved Main Protease; Indian Spices Exploiting SARS-Cov-2 Main Protease; SARS-Cov-2 Main Protease Provides; SARS-Cov-2 Main Protease; SARS-Cov-2 Rna Dependent Rna Polymerase (Rdrp) Targeting	靶向 SARS-CoV-2 主要蛋白酶（Mpro）的新药设计	26	545	2020
2	Porcine Circovirus Type 3 (PCV3) Infection; Porcine Circovirus Type 3 Recovered; Porcine Circovirus Type 3;Porcine Circovirus 3 Infection; Porcine Circovirus 3 Field Strains	新型猪圆环病毒 - PCV3 研究	32	1730	2017
3	Emerging Multidrug-Resistant Pathogenic Yeast Candida Auris; Emerging Human Fungal Pathogen Candida Auris;Emerging Pathogen Candida Auris Present;Emerging Pathogen Candida Auris;Globally Emerging Candida Auris	致命耐药性假丝酵母研究	31	2369	2017
4	Bacterial Type Ⅱ Toxin-Antitoxin Loci; Escherichia Coli Type Ⅱ Persister Cells; Fighting Bacterial Persistence; Bacterial Persistence; Antibiotic Persistence	细菌耐药性机制研究	25	2576	2017
5	Ebola Virus Rna-Dependent Rna Polymerase; Ebola Virus Disease (The Jiki Trial); Ebola Virus Disease Survivors;Ebola Virus Disease Therapeutics;Ebola Virus Disease	埃博拉病毒的传播机制、临床症状及预防	21	2624	2017
6	HIV-1 Broadly Neutralizing Antibody Precursor B Cells;HIV-1 Neutralizing Antibody Signatures;Broadly Neutralizing Antibody Responses;Trispecific Broadly Neutralizing HIV Antibodies;Broadly Neutralizing Antibody 3bnc117	广谱 HIV-1 中和抗体研究	49	5839	2017
7	Obligate Bacterial Nitrification Intermediate Produced;Complete Nitrification;Terrestrial Nitrous Oxide Formation; Nitrification Intermediates; Nitrous Oxide Emissions	单步硝化菌的发现和培养	20	2560	2017
8	Gut Microbiota-Dependent Trimethylamine N-Oxide (Tmao) Pathway;Gut Microbe-Derived Metabolite Trimethylamine N-Oxide;Gut Microbiota-Dependent Trimethylamine N-Oxide;Gut Microbiota Dysbiosis;Gut Microbiota Composition	肠道微生物代谢物 TMAO 与心血管疾病、肾脏疾病等慢性病的关系	37	12 319	2016

（续表）

排名	热点前沿	前沿主题	核心论文数/篇	被引频次	核心论文平均出版年
9	8000 Metagenome-Assembled Genomes Substantially Eexpands; Microbial Genomes Shed Light; Microbial Genomes Recovered;631 Draft Metagenome-Assembled Genomes; Accurately Reconstructing Single Genomes	微生物基因组系统发育与进化	19	5256	2016
10	Zika Virus Targets Different Primary Human Placental Cells; Zika Virus Infects Human Cortical Neural Progenitors; Zika Virus Infects Human Placental Macrophages; Zika Virus Targets Human Stat2; Zika Virus Infection Damages	寨卡病毒导致小头畸形的致病机制、感染模型研究	37	5245	2016

4.2　基于核心论文的基础研究发展态势分析

4.2.1　基于核心论文看基础研究总体态势

4.2.1.1　核心论文的国家分布

2010—2019 年微生物领域核心论文产出量排名居前 10 位的国家包括美国、中国、英国、德国、法国、加拿大、荷兰、澳大利亚、瑞士、西班牙等（图 4-2），其中美国参与的核心论文产出量远远高于其他国家和地区，约占全球全部核心论文的 50%，中国参与的核心论文占全球全部核心论文的 14%。

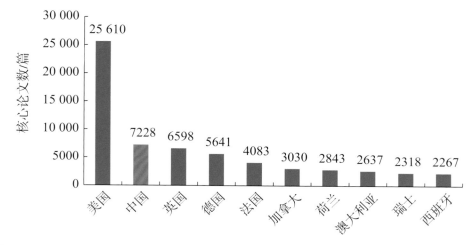

图 4-2　2010—2019 年全球微生物研究核心论文主要产出国家（以全部作者计）

2010—2019 年全球微生物领域核心论文研究排名居前 10 位的国家（第一作者）包括美国、中国、英国、德国、法国、加拿大、荷兰、澳大利亚、西班牙、日本等，与以全部作者计相比，排名居第 9 位的瑞士掉出前 10 位，而日本进入了前 10 位，西班牙排名居第 9 位，前 8 位的国家排名没有变化（图 4-3）。其中美国主导的微生物基础研究远远强于其他国家和地区，约占全球核心论文的 38%，中国占 11%。

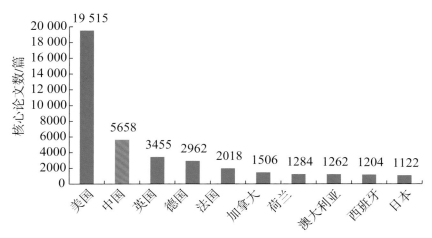

图 4-3　2010—2019 年全球微生物领域核心论文研究排名居前 10 位的国家（以第一作者计）

2010—2019 年微生物领域中国的核心论文产出数量持续上升，美国略有下降，其他主要国家基本持平（图 4-4）。

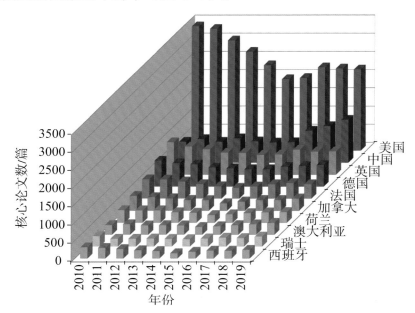

图 4-4　2010—2019 年全球微生物领域核心论文产出居前 10 位的国家（以全部作者计）

4.2.1.2　核心论文的机构分布

以全部作者计，2010—2019 年微生物领域核心论文主要产出机构包括 Harvard Univ、Chinese Acad Sci、Univ Washington、Stanford Univ、MIT、Univ Calif San Francisco、Univ Calif Berkeley、Univ Oxford、Univ Calif San Diego、NIAID 等；排名进入前 50 位的中国机构只有中国科学院（排名居第 2 位，数据不包括中国科学院大学），进入前 100 名的中国机构还有清华大学（排名居 63 位）、浙江大学（排名居 65 位）、中国科学院大学（排名居 67 位）、北京大学（排名居 93 位）、上海交通大学（排名居 94 位）、香港大学（排名居 99 位）等（表 4-6）。

表 4-6　2010—2019 年微生物领域核心论文主要产出机构（以全部作者计）

排名	主要研究机构	论文数 / 篇	占比
1	Harvard Univ	1969	3.837%
2	Chinese Acad Sci	1401	2.730%
3	Univ Washington	993	1.935%
4	Stanford Univ	992	1.933%
5	MIT	986	1.921%
6	Univ Calif San Francisco	948	1.847%
7	Univ Calif Berkeley	943	1.838%
8	Univ Oxford	897	1.748%
9	Univ Calif San Diego	896	1.746%
10	NIAID	813	1.584%
11	Inst Pasteur	702	1.368%
12	Johns Hopkins Univ	698	1.360%
13	Washington Univ	684	1.333%
14	Univ N Carolina	675	1.315%
15	Univ Penn	670	1.306%
16	CNRS	668	1.302%
17	Yale Univ	664	1.294%
18	Harvard Med Sch	638	1.243%
19	Duke Univ	632	1.232%
20	Ctr Dis Control & Prevent	613	1.195%

　　以第一作者计，2010—2019 年微生物领域核心论文重要产出机构包括 Chinese Acad Sci、Harvard Univ、Stanford Univ、Univ Calif Berkeley、MIT、Univ Washington、Univ Oxford、Univ Calif San Diego、Univ Calif San Francisco 等（表 4-7）；排名进入前 50 位的中国机构除了中国科学院（排名居第 1 位），还包括浙江大学（排名居第 29 位）和清华大学（排名居第 34 位）；另外，进入排名前 100 位的中国研究机构还包括香港大学、上海交通大学、中国农业大学、北京大学、湖南大学、南京农业大学等。

表 4-7　2010—2019 年微生物领域核心论文主要产出机构（以第一作者计）

排名	主要研究机构	论文数 / 篇	占比
1	Chinese Acad Sci	756	1.47%
2	Harvard Univ	672	1.31%
3	Stanford Univ	468	0.91%
4	Univ Calif Berkeley	398	0.78%
5	MIT	376	0.73%
6	Univ Washington	368	0.72%
7	Univ Oxford	363	0.71%
8	Univ Calif San Diego	359	0.70%
9	Univ Calif San Francisco	344	0.67%
10	Yale Univ	327	0.64%
11	NIAID	325	0.63%
12	Washington Univ	314	0.61%
13	Inst Pasteur	279	0.54%
14	Ctr Dis Control & Prevent	277	0.54%
15	Univ Penn	275	0.54%
16	Univ Michigan	274	0.53%
17	Univ N Carolina	274	0.53%
18	Johns Hopkins Univ	268	0.52%
19	Univ Wisconsin	247	0.48%
20	Univ Calif Los Angeles	246	0.48%

4.2.1.3　核心论文作者

2010—2019 年微生物领域核心论文作者主要来自美国、德国、中国台湾、日本、芬兰等国家和地区，包括 Univ Colorado 的 Rob Knight、Scripps Res Inst 的 Ian Wilson A、Washington Univ 的 Michael Diamond S、Univ Calif Berkeley 的 Jennifer Doudna A 等（表 4-8）。

表 4-8　2010—2019 年微生物领域主要的核心论文作者

序号	作者	所属机构	核心论文数 / 篇
1	Knight, Rob	Univ Colorado, Boulder, Co USA	101
2	Wilson, Ian A	Scripps Res Inst, La Jolla, CA USA	81
3	Diamond, Michael S	Washington Univ, St Louis, MO USA	57
4	Doudna, Jennifer A	Univ Calif Berkeley, Berkeley, CA USA	50
5	Fierer, Noah	Univ Colorado, Boulder, Co USA	48
6	Chang, Jo-Shu	Natl Cheng Kung Univ, Tainan, Taiwan	47
7	Keasling, Jay D	Univ Calif Berkeley, Berkeley, CA USA	43
8	Knight, Rob	Univ Calif San Diego, La Jolla, CA USA	42
9	Kawaoka, Yoshihiro	Univ Tokyo, Tokyo, Japan	41
10	Gilbert, Jack A	Univ Chicago, Chicago, IL USA	39
11	de Vos, Willem M	Univ Helsinki, Helsinki, Finland	37
12	Bonomo, Robert A	Case Western Reserve Univ, Cleveland, OH USA	36
13	Crowe, James E, Jr	Vanderbilt Univ, Nashville, TN USA	36
14	Nussenzweig, Michel C	Rockefeller Univ, New York, NY USA	36
15	Bork, Peer	Max Delbruck Ctr Mol Med, Berlin, Germany	35
16	Garcia-Sastre, Adolfo	Icahn Sch Med Mt Sinai, New York, NY USA	35
17	Wang, Jun	Univ Copenhagen, Copenhagen, Denmark	34
18	Garcia-Sastre, Adolfo	Mt Sinai Sch Med, New York, NY USA	32
19	Aebersold, Ruedi	Univ Zurich, Zurich, Switzerland	31
20	Rambaut, Andrew	Univ Edinburgh, Midlothian, Scotland	30
21	Backhed, Fredrik	Univ Copenhagen, Copenhagen, Denmark	29
22	Xavier, Ramnik J	Massachusetts Gen Hosp, Boston, MA USA	29
23	Walker, Bruce D	Howard Hughes Med Inst, Chevy Chase, MD USA	27

（续表）

序号	作者	所属机构	核心论文数/篇
24	Henrissat, Bernard	King Abdulaziz Univ, Jeddah, Saudi Arabia	26
25	Sullivan, Matthew B	Ohio State Univ, Columbus, OH USA	26
26	Regev, Aviv	MIT, Cambridge, MA USA	25
27	Banfield, Jillian F	Univ Calif Berkeley, Berkeley, CA USA	24
28	de Vos, Willem M	Wageningen Univ, Wageningen, Netherlands	24
29	Lee, Duu-Jong	Natl Taiwan Univ Sci & Technol, Taipei, Taiwan	24
30	Burton, Dennis R	Scripps Res Inst, La Jolla, CA USA	23
31	Caporaso, J Gregory	No Arizona Univ, Flagstaff, AZ USA	23
32	Deeks, Steven G	Univ Calif San Francisco, San Francisco, CA USA	23
33	Kontoyiannis, Dimitrios P	Univ Texas MD Anderson Canc Ctr, Houston, TX USA	23
34	Chou, Kuo-Chen	King Abdulaziz Univ, Jeddah, Saudi Arabia	22
35	Collins, James J	Harvard Univ, Boston, MA USA	22
36	Haynes, Barton F	Duke Univ, Durham, NC USA	22
37	Lee, Sang Yup	Korea Adv Inst Sci & Technol, Taejon, South Korea	22
38	Rambaut, Andrew	NIH, Bethesda, MD USA	22
39	Alper, Hal S	Univ Texas Austin, Austin, TX USA	21
40	Crous, P W	Univ Utrecht, Utrecht, Netherlands	21
41	Dantas, Gautam	Washington Univ, St Louis, MO USA	21
42	Krupovic, Mart	Inst Pasteur, Paris, France	21
43	Palese, Peter	Icahn Sch Med Mt Sinai, New York, NY USA	21
44	Saphire, Erica Ollmann	Scripps Res Inst, La Jolla, CA USA	21
45	Baric, Ralph S	Univ N Carolina, Chapel Hill, NC USA	20
46	Bork, Peer	Univ Wurzburg, Wurzburg, Germany	20
47	Jeewon, Rajesh	Univ Mauritius, Reduit, Mauritius	20
48	Seaman, Michael S	Beth Israel Deaconess Med Ctr, Boston, MA USA	20
49	Xavier, Ramnik J	MIT, Cambridge, MA USA	20
50	Zhao, Huimin	Univ Illinois, Urbana, IL USA	20

4.2.1.4　核心论文的期刊分布

2010—2019 年微生物领域核心论文主要发表的期刊有 *Nature Communications*、*Bioresource Technology*、*Proceedings of the National Academy of Sciences of the United States of America*、*PLos One*、*Biosensors & Bioelectronics*、*Nature*、*Science*、*PLos Pathogens*、*Clinical Infectious Diseases*、*Cell Host & Microbe*、*Cell* 等（表 4-9）。

表 4-9　2010—2019 年微生物领域发文量居前 50 位的期刊

排名	期刊名称	核心论文数 / 篇	占比
1	*Nature Communications*	3309	6.47%
2	*Bioresource Technology*	2653	5.19%
3	*Proceedings of the National Academy of Sciences of the United States of America*	2202	4.31%
4	*PLos One*	1964	3.84%
5	*Biosensors & Bioelectronics*	1647	3.22%
6	*Nature*	1213	2.37%
7	*Science*	1156	2.26%
8	*PLos Pathogens*	1150	2.25%
9	*Clinical Infectious Diseases*	1101	2.15%
10	*Cell Host & Microbe*	1066	2.08%
11	*Cell*	973	1.90%
12	*Nature Biotechnology*	895	1.75%
13	*Bioinformatics*	886	1.73%
14	*Journal of Virology*	859	1.68%
15	*Molecular Cell*	849	1.66%
16	*Frontiers in Microbiology*	719	1.41%
17	*Isme Journal*	688	1.35%
18	*Antimicrobial Agents and Chemotherapy*	687	1.34%
19	*Genome Research*	671	1.31%
20	*Applied and Environmental Microbiology*	664	1.30%
21	*Genome Biology*	633	1.24%
22	*Nature Reviews Microbiology*	620	1.21%

（续表）

排名	期刊名称	核心论文数/篇	占比
23	*Nature Microbiology*	599	1.17%
24	*Journal of Infectious Diseases*	598	1.17%
25	*Bmc Genomics*	588	1.15%
26	*Scientific Reports*	565	1.10%
27	*Applied Microbiology and Biotechnology*	497	0.97%
28	*Science Translational Medicine*	449	0.88%
29	*Journal of Clinical Microbiology*	446	0.87%
30	*Nature Reviews Drug Discovery*	428	0.84%
31	*mBio*	425	0.83%
32	*Biotechnology Advances*	423	0.83%
33	*Molecular Therapy*	415	0.81%
34	*Nature Chemical Biology*	409	0.80%
35	*Journal of Antimicrobial Chemotherapy*	385	0.75%
36	*Stem Cells*	361	0.71%
37	*Current Opinion in Biotechnology*	356	0.70%
38	*Environmental Microbiology*	342	0.67%
39	*Clinical Microbiology and Infection*	317	0.62%
40	*Trends in Biotechnology*	314	0.61%
41	*Biomed Research International*	303	0.59%
42	*BMC Bioinformatics*	292	0.57%
42	*Nature Medicine*	292	0.57%
44	*Nature Immunology*	286	0.56%
44	*Science Advances*	286	0.56%
46	*AIDS*	280	0.55%
47	*Trends in Microbiology*	273	0.53%
48	*Biomass & Bioenergy*	267	0.52%
49	*Nature Protocols*	242	0.47%
50	*FEMs Microbiology Reviews*	238	0.47%

2010—2019 年微生物领域核心论文主要引用期刊有 *P Natl Acad Sci USA*、
Nature、*Science*、*PLos One*、*Cell*、*J Biol Chem*、*Nucleic Acids Res*、*Appl
Environ Microb*、*J Bacteriol*、*Nat Rev Microbiol* 等（表 4-10）。

表 4-10　2010—2019 年微生物领域核心论文主要引用期刊

排名	引用的期刊	核心论文引用该期刊数 / 篇	总被引频次
1	*P Natl Acad Sci USA*	32 651	166 508
2	*Nature*	29 768	154 564
3	*Science*	29 500	131 065
4	*PLos One*	21 756	71 525
5	*Cell*	17 283	74 821
6	*J Biol Chem*	16 504	70 390
7	*Nucleic Acids Res*	15 240	56 378
8	*Appl Environ Microb*	13 152	70 384
9	*J Bacteriol*	10 623	61 098
10	*Nat Rev Microbiol*	10 047	24 699
11	*PLos Pathog*	9391	31 492
12	*Bioinformatics*	9355	32 171
13	*New Engl J Med*	9237	29 265
14	*Nat Biotechnol*	9231	30 599
15	*Embo J*	8407	23 823
16	*J Virol*	8222	81 098
17	*Nat Methods*	8072	21 847
18	*J Mol Biol*	7789	20 919
19	*J Infect Dis*	7737	27 870
20	*Lancet*	7528	19 741

4.2.2　基于核心论文的合作强度分析

据统计，2010—2019 年关于微生物研究的约 60% 的论文是由同一个国家
的机构单独或者合作完成的，约 40% 的论文是由不同国家的机构合作完成的
（图 4-5）。

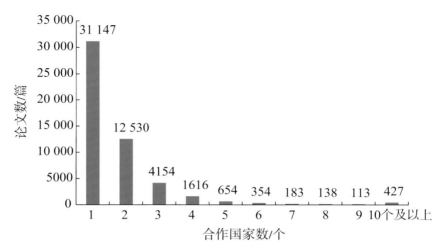

图 4-5　2010—2019 年全球微生物核心论文合作国家数

全球主要发文国家均有一定程度的合作关系，美国是全球主要国家的首选合作对象，中国是美国、韩国、日本和澳大利亚等国家的主要合作对象之一。美国主要合作国家包括英国、中国、德国；中国主要合作国家包括美国、英国、德国；英国的主要合作国家包括美国、德国、法国；德国的主要合作国家包括美国、英国、法国；加拿大主要合作国家包括美国、英国、德国等（图 4-6）。

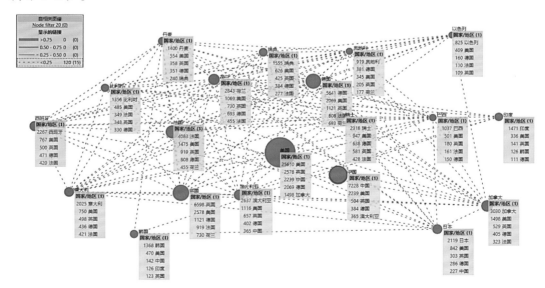

图 4-6　2010—2019 年全球微生物核心论文研究国际合作强度分布

分析 2010—2019 年美国与主要国家核心论文合作变化可以看出，美国微生物领域国际合作的主要国家相对稳定，英国、中国、德国、加拿大、法国等是其主要的国际合作对象，与中国的合作稳定增长（图 4-7）。

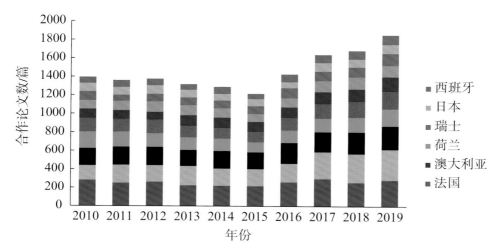

图 4-7　2010—2019 年美国与主要国家的核心论文合作变化

分析 2010—2019 年中国与主要国家核心论文合作变化可以看出，中国微生物领域国际合作主要国家总体呈增长态势，美国是中国国际合作的主要对象国，另外，还包括英国、德国、澳大利亚、加拿大、荷兰等（图 4-8）。

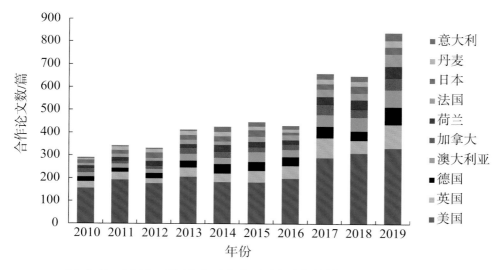

图 4-8　2010—2019 年中国与主要国家的核心论文合作变化

机构间合作以地区性为主，美国、中国、欧盟等地区的机构更倾向于与本地区的研究机构合作，如美国 Harvard Univ、MIT、Univ Washington 等之间的合作相对较多，中国的中国科学院、中国科学院大学、北京大学、清华大学等之间的合作相对较多（图 4-9）。

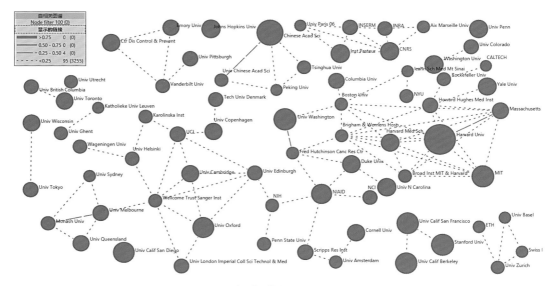

图 4-9　2010—2019 年全球微生物研究机构间的合作图谱

4.2.3　基于核心论文的学术影响力分析

2010—2019 年微生物领域核心论文篇均被引 121.25 次，主要国家的篇均被引在 95.59 ~ 137.63 次，中国的篇均被引为 95.59 次，低于全球平均水平。全球主要国家除法国接近平均水平外，发文排名居前 10 位的国家除中国外，篇均被引均高于全球平均水平（表 4-11）。

表 4-11　2010—2019 年微生物领域核心论文产出国家的学术影响力对比（以全部作者计）

排名	国家	核心论文数 / 篇	总被引用频次	篇均被引 / 次
1	美国	25 610	3429 003	133.89
2	中国	7228	690 952	95.59
3	英国	6598	843 172	127.79
4	德国	5641	718 999	127.46
5	法国	4083	494 688	121.16
6	加拿大	3030	400 089	132.04
7	荷兰	2843	366 226	128.82
8	澳大利亚	2637	362 926	137.63
9	瑞士	2318	286 708	123.69
10	西班牙	2267	277 524	122.42
全部国家（地区）数据		51 316	6222 048	121.25

2010—2019 年微生物领域核心论文篇均被引 121.25 次，主要国家第一著者论文篇均被引在 88.01 ~ 137.27 次，中国的第一作者论文篇均被引为 88.01 次，低于全球平均水平。从发文排名居前 10 位的第一作者国家篇均被引情况可以看出，美国、英国、德国、加拿大、澳大利亚均高于全球平均水平，中国、法国、荷兰、西班牙、日本则低于全球平均水平（表 4-12）。

表 4-12　2010—2019 年微生物领域核心论文产出国家学术影响力对比（以第一作者计）

排名	国家	核心论文数 / 篇	总被引用频次	篇均被引 / 次
1	美国	19 515	2 678 882	137.27
2	中国	5658	497 965	88.01
3	英国	3455	430 727	124.67
4	德国	2962	362 217	122.29
5	法国	2018	222 441	110.23
6	加拿大	1506	187 492	124.50
7	荷兰	1284	150 506	117.22
8	澳大利亚	1262	174 784	138.50
9	西班牙	1204	127 206	105.65
10	日本	1122	123 940	110.46
全部国家（地区）数据		51 316	6 222 048	121.25

4.2.4　核心论文的主要研究主题及其演化

4.2.4.1　全球核心论文主要研究主题及其演化

从总体上看，2010—2019 年全球微生物领域核心论文的研究主题主要集中在：微生物基因识别、表达、转录、编辑、克隆、突变、基因组等研究，疾病研究、预防与控制（包括疫苗、抗生素等），生物质利用研究（包括生物降解、废水处理等），微生物群落及生物多样性研究，耐性与抗性研究（如抗药性），免疫性研究，酶研究（如活性），机制与动力学研究，微生物结构研究，生物传感器研究等（表 4-13）。

表 4-13　2010—2019 年全球微生物领域核心论文的主要研究主题

序号	主要研究主题	论文数 / 篇	占比
1	微生物基因识别、表达、转录、编辑、克隆、突变、基因组等研究	23 013	44.85%
2	疾病研究、预防与控制（包括疫苗、抗生素等）	17 971	35.02%
3	生物质利用研究（包括生物降解、废水处理等）	6942	13.53%
4	微生物群落及生物多样性研究	6811	13.27%
5	耐性与抗性研究（如抗药性）	6617	12.89%
6	免疫性研究	5174	10.08%
7	酶研究（如活性）	5108	9.95%
8	机制与动力学研究	3754	7.32%
9	微生物结构研究	3273	6.38%
10	生物传感器研究	2995	5.84%

2010—2019 年全球微生物领域核心论文在涉及基因方面的研究和疾病方面的研究远远高于其他研究主题（图 4-10）。

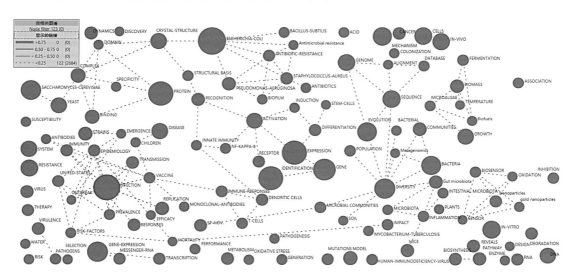

图 4-10　2010—2019 年全球微生物领域核心论文研究主题知识图谱

注：圆点代表主题词数量，圆点越大，代表主题词出现的数量越多。

分析 2010—2019 年全球微生物领域核心论文研究主题演化，微生物群落及生物多样性研究、合成生物学、生物传感器等方向所占比例呈增加趋势，基因相关的研究所占比例呈下降趋势（图 4-11）。

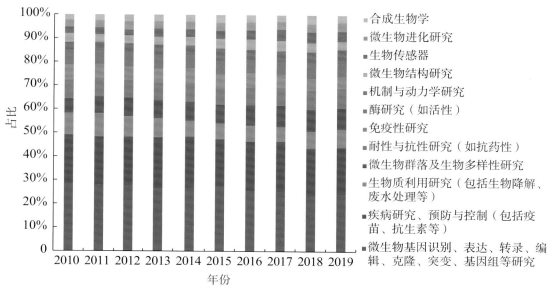

图 4-11　2010—2019 年全球微生物领域核心论文研究主题演化

　　分析 2010—2019 年全球微生物领域主要国家核心论文研究主题对比，中国在生物质利用研究（包括生物降解、废水处理等）、生物传感器等方向所占比例高于其他主要国家和地区，在疾病研究、预防与控制（包括疫苗、抗生素等），免疫性研究方面所占比例低于其他国家和地区；美国、加拿大、荷兰在免疫性研究方向所占的比例高于其他主要国家和地区；英国、德国、法国在微生物结构研究方面所占比例高于其他主要国家和地区（图 4-12）。

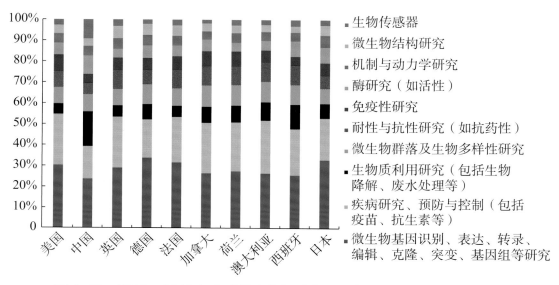

图 4-12　2010—2019 年全球微生物领域主要国家核心论文研究主题对比

2010—2019 年全球微生物领域核心论文的新旧研究主题的比大约稳定在 1：1（图 4-13）。

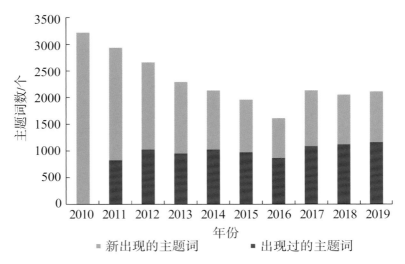

图 4-13　2010—2019 年全球微生物研究核心论文的新旧主题词对比

分析 2010—2019 年全球微生物领域核心论文研究主题变化情况可以看出，在基因序列预测、工程化微生物（包括微生物降解）、催化活性、微生物群落、医学应用、深度学习等方面的核心论文增速较快，关于基因表达与转录、基因标识、菌株等研究的核心论文降速较快（表 4-14）。

表 4-14　2017—2019 年全球微生物领域核心论文研究主题变化情况

序号	首次出现的主题①	增速较快的主题②	降速较快的主题
1	Nucleic-acid detection [9]	Cpf1 [1]	Escherichia-coli [−1]
2	Engineered biochar [9]	Base [1]	Expression [−1]
3	Eravacycline [7]	Beam-induced motion [1]	Identification [−1]
4	Calcium peroxide [6]	Co-pyrolysis [1]	Gene [−1]
5	Heterojunction [6]	Sequence-based predictor [1]	Gene-expression [−1]
6	Intact Hiv−1 [5]	Care-Associated Infections [1]	Saccharomyces-cerevisiae [−1]
7	Endogenous denitrification [5]	Cgas [1]	In-vitro [−1]

① 方括号里数字为词频。

② 近三年增速／降速较快的主题，数值介于 −1 ~ 1（方括号里的数字），指通过计算不同时间段不同研究主题增长率变化，分析增长率变化强度的高低，越接近 1，研究主题增长率变化越正向，研究主题研发越密集；越接近 −1，研究主题增长率变化越负向，代表研究主题发展越成熟或者碰到瓶颈，下同。

（续表）

序号	首次出现的主题	增速较快的主题	降速较快的主题
8	Cow manure [5]	Photocatalytic degradation [1]	In-vivo [−1]
9	Bayesian classifier [5]	Aromatics [1]	Yeast [−1]
10	Base editing [5]	Nosocomial fungemia [1]	Pseudomonas-aeruginosa [−1]
11	Lecanoromycetes [5]	Photocatalytic activity [1]	Mice [−1]
12	Attenuates colon inflammation [5]	Proviruses [1]	Transmission [−1]
13	Lignocellulosic biomass pyrolysis [4]	Root microbiota [1]	Virulence [−1]
14	Mcr [4]	Deep learning [1]	Strains [−1]
15	Mers-Cov infection [4]	International scientific association [1]	Biomass [−1]
16	Multi-Label system [4]	Ultrasound-assisted extraction [1]	Transcription [−1]
17	Oc43 [4]	Circular economy [1]	Sp-Nov. [−1]
18	Oxidative-degradation [4]	East respiratory syndrome [1]	Dendritic Cells [−1]
19	Predicts poor-prognosis [4]	Engineered biochar [1]	Differentiation [−1]
20	Body sites [4]	Liquid biopsy [1]	Messenger-Rna [−1]

　　具体分析主要国家的研究主题可以看出，美国、英国、法国、德国的研究相似度在 0.843 ~ 0.909，中国与这几个主要国家的研究相似度在 0.685 ~ 0.731，中国与其他主要国家的研究方向存在较大差异（表 4-15）。

表 4-15　主要国家核心论文研究主题相似度比较

	中国	德国	法国	美国
英国	0.696	0.869	0.860	0.909
美国	0.731	0.895	0.875	—
法国	0.685	0.843	—	—
德国	0.709	—	—	—

　　选取不同地区（亚洲、美洲、欧洲、大洋洲等）的代表性机构并分析其核心论文的研究主题①，发现这些机构的研究相似度在 0.398 ~ 0.635，表明不同

① 以关键主题词为基础进行比较，包括作者关键词和关键词扩展。数值在 0 ~ 1，越接近 1 表明研究方向越相近，越接近 0 表明研究方向越不同。

研究机构的研究主题存在较大差异，这与国家之间的研究主题比较存在很大不同（主要国家的研究相似度在 0.68 ~ 0.90）（表 4-16）。

表 4-16　主要机构核心论文研究主题相似度比较

	Chinese Acad Sci（中国）	Harvard Univ（美国）	Inst Pasteur（德国）	Univ Oxford（英国）
Univ Queensland（澳大利亚）	0.413	0.44	0.406	0.402
Univ Oxford（英国）	0.398	0.635	0.516	—
Inst Pasteur（德国）	0.399	0.611	—	—
Harvard Univ（美国）	0.495	—	—	—

4.2.4.2　主要国家研究主题

（1）美国

2010—2019 年美国微生物领域核心论文涉及微生物基因识别、表达、转录、编辑、克隆、突变、基因组等研究（约占其总核心论文数的 50%）和疾病研究、预防与控制（包括疫苗、抗生素等）研究（约占其总核心论文数的 40%）远远高于其他研究主题。另外，免疫性研究、耐性与抗性研究（如抗药性）、微生物群落及生物多样性研究也是美国的主要研究方向（表 4-17 和图 4-14）。

表 4-17　美国微生物领域主要研究主题

排名	主要研究主题	论文数 / 篇	占比
1	微生物基因识别、表达、转录、编辑、克隆、突变、基因组等研究	9732	49.86%
2	疾病研究、预防与控制（包括疫苗、抗生素等）	7810	40.01%
3	免疫性研究	2534	12.98%
4	耐性与抗性研究（如抗药性）	2496	12.79%
5	微生物群落及生物多样性研究	2466	12.63%
6	酶研究（如活性）	1817	9.31%
7	生物质利用研究（包括生物降解、废水处理等）	1606	8.23%
8	机制与动力学研究	1437	7.36%
9	微生物结构研究	1310	6.71%
10	微生物进化研究	1111	5.69%

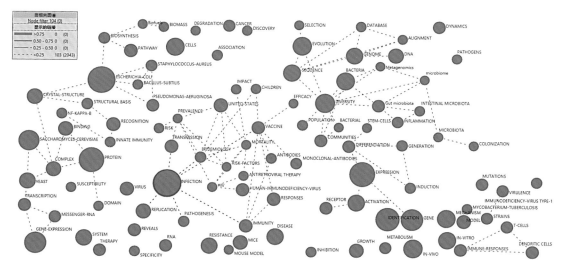

图 4-14 2010—2019 年美国微生物领域核心论文研究主题知识图谱

分析 2010—2019 年美国微生物领域核心论文研究主题变化可以看出，在基因组、微生物医学应用、疾病研究预防与控制（包括疫苗、抗生素等）、克隆株等方面核心论文增速较快，关于基因表达与转录、菌株培养、生物质应用等的核心论文降速较快（表 4-18）。

表 4-18 2017—2019 年美国微生物领域核心论文研究主题变化情况

序号	首次出现的主题	增速较快的主题	降速较快的主题
1	S-649266 [5]	Cryo-em structure [1]	Identification [−1]
2	Atlas [4]	Genomic dna [1]	Gene-expression [−1]
3	Cefiderocol [4]	Validation [1]	In-Vivo [−1]
4	Nucleic-acid detection [4]	Extracellular vesicles [1]	Saccharomyces-cerevisiae [−1]
5	Eravacycline [3]	Ceftazidime-avibactam [1]	United-states [−1]
6	Humidity [3]	Candida auris [1]	Receptor [−1]
7	Foot Ulcers [3]	Vulnerability [1]	Dendritic cells [−1]
8	Pcv13 [3]	Crispr-Cas9 nucleases [1]	Differentiation [−1]
9	Households [3]	Base [1]	Immune-responses [−1]
10	Intact Hiv-1 [3]	Gene drive [1]	Pseudomonas-aeruginosa [−1]
11	Gaba [3]	Proviruses [1]	Virulence [−1]
12	Porous carbon [3]	Life [0.999]	Human-immunodeficiency-Virus [−1]
13	Gene-expression system [3]	Competition [0.999]	Biofuels [−1]

（续表）

序号	首次出现的主题	增速较快的主题	降速较快的主题
14	Metal-organic frameworks [3]	Cryo-EM [0.999]	Culture [−1]
15	Omics [3]	Diagnostics [0.999]	Ethanol [−1]
16	Severe plaque psoriasis [3]	Dna vaccine [0.999]	Microalgae [−1]
17	Siderophore cephalosporin [3]	Infection control [0.999]	16s Ribosomal-Rna [−1]
18	Survivors [3]	Clonal strain [0.999]	Zinc-Finger Nucleases [−1]
19	Targeting range [3]	S-649266 [0.999]	Microarray [−1]
20	Taurine [3]	Zika virus [0.998]	Yeast [−0.999]

2010—2019 年美国微生物领域核心论文的新旧研究主题的比率大约在 1∶4，新出现的主题词比率远远低于全球水平（1∶1），一定程度上说明美国基础研究的持续性较强（图 4-15）。

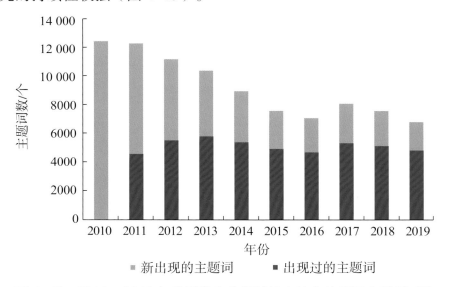

图 4-15　2010—2019 年美国微生物领域核心论文的新旧主题词对比

2010—2019 年美国微生物领域新出现的核心论文作者数量略高于已出现过的核心论文作者（图 4-16）。

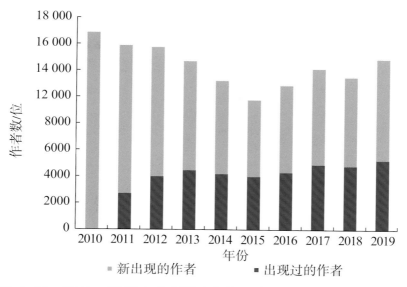

图 4-16　2010—2019 年美国微生物核心论文新旧作者数年际变化

（2）德国

2010—2019 年德国微生物领域主要研究主题微生物基因识别、表达、转录、编辑、克隆、突变、基因组等研究（约占其总核心论文数的 50%）远远高于其他研究主题。另外，疾病研究、预防与控制，微生物群落及生物多样性研究，生物质利用研究（包括生物降解、废水处理等），耐性与抗性研究（如抗药性）等也是其主要研究方向（表 4-19）。

表 4-19　2010—2019 年德国微生物领域主要研究主题

排名	主要研究主题	论文数 / 篇	占比
1	微生物基因识别、表达、转录、编辑、克隆、突变、基因组等研究	1487	50.20%
2	疾病研究、预防与控制（包括疫苗、抗生素等）	804	27.14%
3	微生物群落及生物多样性研究	413	13.94%
4	生物质利用研究（包括生物降解、废水处理等）	324	10.94%
5	耐性与抗性研究（如抗药性）	305	10.30%
6	酶研究（如活性）	264	8.91%
7	免疫性研究	253	8.54%
8	微生物结构研究	232	7.83%
9	分子机制与动力学研究	219	7.39%
10	合成生物学	186	6.28%

分析 2010—2019 年德国微生物领域核心论文研究主题知识图谱可以看出，在疾病研究、预防与控制（包括疫苗、抗生素等）、微生物群落及生物多样性研究、分子机制与动力学研究、医学应用等方面的核心论文增速较快（图 4-17 和表 4-20）。

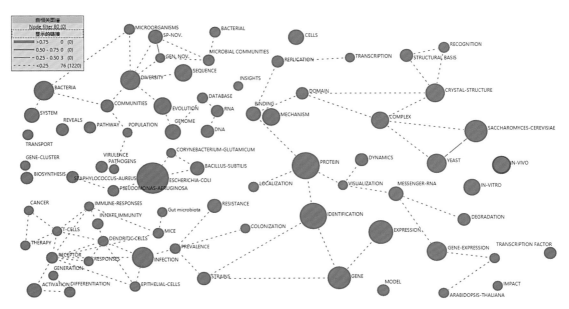

图 4-17　2010—2019 年德国微生物领域核心论文研究主题知识图谱

表 4-20　2017—2019 年德国微生物领域核心论文研究主题变化情况

序号	首次出现的主题	增速较快的主题	降速较快的主题
1	Aromatics [5]	Microbiome [0.999]	Biomass [−0.982]
2	Nitrite-oxidizing bacteria [4]	Aromatics [0.998]	Strains [−0.977]
3	Arp2/3 complex [3]	Viruses [0.997]	Saccharomyces-cerevisiae [−0.965]
4	Photorhabdus [3]	Bacterial [0.996]	Double-stranded-rna [−0.957]
5	Catechol [3]	Gut [0.996]	MIcrobial Commun- ities [−0.942]
6	Catechol dioxygenase [3]	Microbiota [0.995]	In-situ hybridization [−0.941]
7	Heme [2]	Molecular-mechanisms [0.995]	Plasmid [−0.939]
8	Dna origami [2]	Nitrite-oxidizing bacteria [0.994]	Virulence factors [−0.939]
9	Protein engineering [2]	Dynamics [0.992]	Yeast [−0.93]

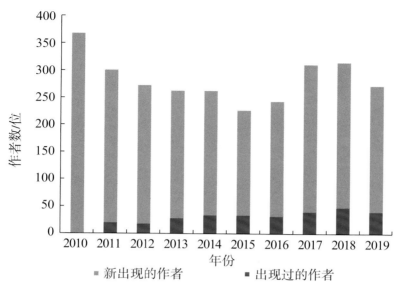

图 4-22　2010—2019 年英国微生物研究领域核心论文新旧作者数量年际变化

（4）法国

2010—2019 年法国微生物领域核心论文涉及微生物基因识别、表达、转录、编辑、克隆、突变、基因组等研究（约占其总核心论文数的 51%）和疾病研究、预防与控制（包括疫苗、抗生素等）（约占其总核心论文数的 35%）同样远远高于其他研究主题，另外，耐性与抗性研究（如抗药性）、微生物群落及生物多样性研究、免疫性研究等也是其主要研究方向（表 4-23 和图 4-23）。

表 4-23　2010—2019 年法国微生物领域主要研究主题

排名	主要研究主题	论文数 / 篇	占比
1	微生物基因识别、表达、转录、编辑、克隆、突变、基因组等研究	1031	51.09%
2	疾病研究、预防与控制（包括疫苗、抗生素等）	710	35.18%
3	耐性与抗性研究（如抗药性）	292	14.47%
4	微生物群落及生物多样性研究	270	13.38%
5	免疫性研究	211	10.46%
6	生物质利用研究（包括生物降解、废水处理等）	175	8.67%
7	酶研究（如活性）	169	8.37%
8	微生物结构研究	162	8.03%
9	机制与动力学研究	150	7.43%
10	微生物进化研究	147	7.28%

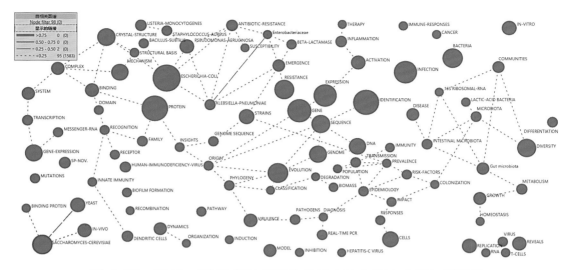

图 4-23　2010—2019 年法国微生物核心论文研究主题知识图谱

　　分析2010—2019年法国微生物领域核心论文研究主题变化情况可以看出，其在微生物群落、生物传感器、医学应用等研究主题方面的核心论文增速较快（表4-24）。

表 4-24　2017—2019 年法国微生物领域核心论文研究主题变化情况

序号	首次出现的主题	增速较快的主题	降速较快的主题
1	Akkermansia-muciniphila [4]	Homeostasis [1]	Klebsiella-pneumoniae [−0.990]
2	Bile-acids [3]	Alignment [1]	Recombination [−0.962]
3	Clostridium difficile [3]	Microbiome [1]	MICROALGAE [−0.955]
4	Sensors [3]	Reveals [0.999]	Gene [−0.954]
5	Ceftazidime/avibactam [2]	Host [0.998]	Lactic-acid bacteria [−0.947]
6	Daa [2]	Motion [0.997]	Oxidative stress [−0.938]
7	Genome integrity [2]	Colitis [0.996]	Rapid identification [−0.938]
8	Budding-yeast [2]	Akkermansia-muciniphila [0.996]	Strains [−0.935]
9	Fibroblasts [2]	Fixation [0.991]	Outbreak [−0.927]
10	Enterococcus-hirae [2]	Plant [0.990]	Molecular epidemiology [−0.913]
11	Endosymbiont [2]	Activation [0.989]	—
12	Fluoroquinolones [2]	Disease [0.987]	—
13	Fusobacterium-nucleatum [2]	T-cells [0.987]	—

（续表）

序号	首次出现的主题	增速较快的主题	降速较快的主题
14	Pd-1 blockade [2]	Bile-acids [0.987]	—
15	Ecotypes [2]	Clostridium difficile [0.987]	—
16	Read alignment [2]	Sensors [0.987]	—
17	Once-daily dolutegravir [2]	Colorectal-cancer [0.983]	—
18	Prophage induction [2]	Division [0.983]	—
19	Genome editing [2]	GROWTH [0.982]	—
20	Cardiac-surgery [2]	Proteins [0.982]	—

2010—2019 年法国微生物领域核心论文新旧主题的比率在 1∶1 左右，新出现的主题词比率接近全球水平（1∶1，图 4-24）。

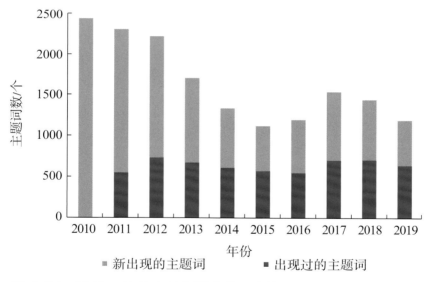

图 4-24　2010—2019 年法国微生物研究核心论文新旧主题词对比

2010—2019 年法国微生物研究领域新出现的核心论文作者数量与已出现过的核心论文作者数量的比率大约在 4∶1，表明法国进入这个研究领域的高端人才也在高速增长（图 4-25）。

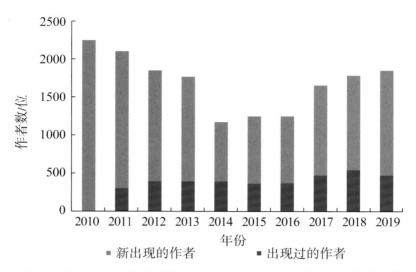

图 4-25　2010—2019 年法国微生物研究核心论文新旧作者数量年际变化

（5）中国

2010—2019 年中国微生物领域核心论文研究方向主要集中在微生物基因识别、表达、转录、编辑、克隆、突变、基因组等研究，生物质利用研究（包括生物降解、废水处理等），疾病研究、预防与控制（包括疫苗、抗生素等），生物传感器，酶研究（如活性），微生物群落及生物多样性研究等方面（表 4-25），与其他主要国家相比，中国在生物质利用、生物传感器等方向的研究明显高于其他主要国家（图 4-26）。

表 4-25　2010—2019 年中国微生物领域主要研究主题

排名	主要研究主题	论文数 / 篇	占比
1	微生物基因识别、表达、转录、编辑、克隆、突变、基因组等研究	2192	38.74%
2	生物质利用研究（包括生物降解、废水处理等）	1531	27.06%
3	疾病研究、预防与控制（包括疫苗、抗生素等）	1423	25.15%
4	生物传感器	844	14.92%
5	酶研究（如活性）	812	14.35%
6	微生物群落及生物多样性研究	756	13.36%
7	耐性与抗性研究（如抗药性）	503	8.89%
8	机制与动力学研究	430	7.60%
9	免疫性研究	393	6.95%
10	微生物结构研究	330	5.83%

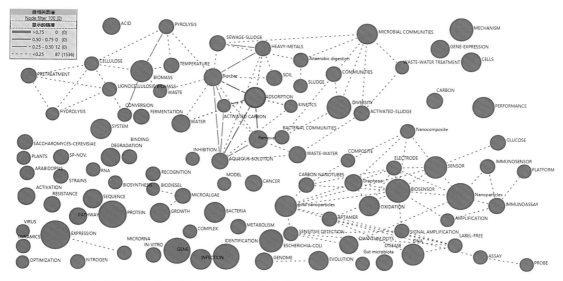

图 4-26　2010—2019 年中国微生物领域核心论文研究主题知识图谱

　　分析2010—2019年中国微生物领域核心论文研究主题变化情况可以看出，在厌氧发酵、生物工程、种间电子转移、光电化学传感器、游离氨（如提升污泥处理活性能力）等研究主题方面核心论文增速较快（表4-26）。

表 4-26　2017—2019 年中国微生物领域核心论文研究主题变化

序号	首次出现的主题	增速较快的主题	降速较快的主题
1	Short-chain fatty acids [9]	Anaerobic fermentation [1]	Diversity [−1]
2	Engineered biochar [8]	Metal-organic frameworks [0.998]	Escherichia-coli [−1]
3	Lactobacillus-plantarum [7]	Short-chain fatty acids [0.998]	Biomass [−1]
4	Fecal microbiota transplantation [6]	Interspecies electron-transfer [0.997]	Gold nanoparticles [−1]
5	Metabolism function [6]	Methylation [0.996]	Sensor [−1]
6	Heterojunction [6]	Engineered Biochar [0.996]	Oxidation [−1]
7	Calcium peroxide [6]	Lncrna [0.995]	16s ribosomal-rna [−1]
8	Biomass recalcitrance [6]	Sequence-based predictor [0.995]	Identification [−0.999]
9	Lecanoromycetes [5]	Alzheimers-disease [0.995]	GENE [−0.999]
10	Feedback [5]	Extracellular vesicles [0.995]	Evolution [−0.999]
11	Endogenous denitrification [5]	Growth-performance [0.995]	Sequence [−0.999]
12	Cow manure [5]	Lactobacillus-plantarum [0.993]	Biodiesel [−0.999]

（续表）

序号	首次出现的主题	增速较快的主题	降速较快的主题
13	Calcium-ions [5]	Electrochemical aptasensor [0.992]	Culture [−0.999]
14	Microbial-population dynamics [4]	Cell-proliferation [0.992]	Glucose-oxidase [−0.999]
15	Gel layer [4]	Chain fatty-acids [0.992]	Cysteine [−0.999]
16	Covalent organic frameworks [4]	Photoelectrochemical aptasensor [0.992]	Adsorption [−0.998]
17	Amyloid-beta-protein [4]	Digestion [0.991]	Fuels [−0.998]
18	Amyloid-beta [4]	Genomic dna [0.991]	Rna-seq [−0.998]
19	Aerobic stability [4]	Free ammonia [0.991]	Pyrosequencing [−0.997]
20	Leotiomycetes [4]	Free nitrous-acid [0.991]	PCR [−0.996]

2017—2019 年中国微生物领域核心论文新旧主题的比率大约在 1∶1，新出现的主题词比率接近全球水平（1∶1，图 4-27）。

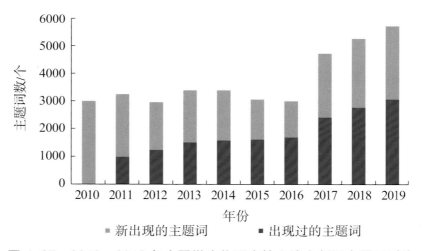

图 4-27　2010—2019 年中国微生物研究核心论文新旧主题词对比

2017—2019 年中国微生物研究领域新出现的核心论文作者数与已出现过的核心论文作者数的比率大约在 2∶1，表明中国进入这个研究领域的高端人才也在持续增长（图 4-28）。

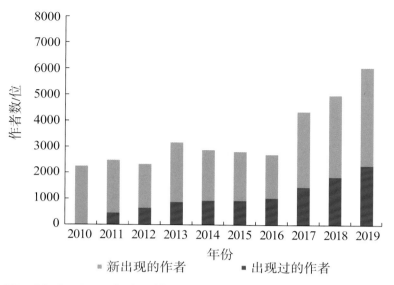

图 4-28　2010—2019 年中国微生物研究核心论文新旧作者数量年际变化

4.2.4.3　主要研究机构关注的主题

（1）中国科学院

2010—2019 年，中国科学院关于微生物研究的核心论文研究主题主要包括微生物基因识别、表达、转录、编辑、克隆、突变、基因组等研究，生物质利用研究（包括生物降解、废水处理等），疾病研究、预防与控制（包括疫苗、抗生素等），微生物群落及生物多样性研究，酶研究（如活性）等。与其他主要机构相比，生物质利用研究所占的比例远远高于其他主要机构（表 4-27 和图 4-29）。

表 4-27　2010—2019 年中国科学院在微生物领域的主要研究主题

排名	主要研究主题	论文数 / 篇	占比
1	微生物基因识别、表达、转录、编辑、克隆、突变、基因组等研究	342	45.24%
2	生物质利用研究（包括生物降解、废水处理等）	205	27.12%
3	疾病研究、预防与控制（包括疫苗、抗生素等）	117	15.48%
4	微生物群落及生物多样性研究	108	14.29%
5	酶研究（如活性）	102	13.49%
6	微生物结构研究	70	9.26%
7	合成生物学	69	9.13%

（续表）

排名	主要研究主题	论文数／篇	占比
7	生物传感器	69	9.13%
9	机制与动力学研究	47	6.22%
9	耐性与抗性研究（如抗药性）	47	6.22%

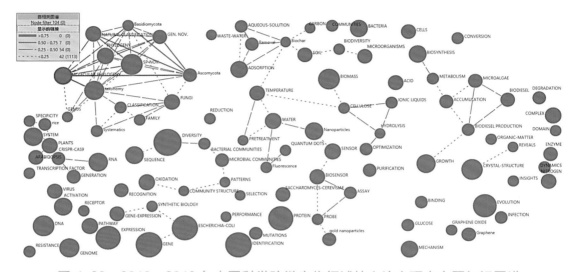

图 4-29　2010—2019 年中国科学院微生物领域核心论文研究主题知识图谱

　　分析 2010—2019 年中国科学院微生物领域核心论文研究主题变化情况可以看出，在基因编辑、微生物群落、微生物应用（污水处理、餐厨垃圾处理等）、微生物克隆等研究主题方面的核心论文增速较快（表 4-28）。

表 4-28　2017—2019 年中国科学院微生物领域核心论文研究主题变化情况

序号	首次出现的主题	增速较快的主题	降速较快的主题
1	Lecanoromycetes [5]	Crispr-cas9 [0.993]	Biodiesel [−0.980]
2	Leotiomycetes [4]	Lecanoromycetes [0.992]	Microalgae [−0.980]
3	Fresh-water fungi [4]	Microbial communities [0.989]	Accumulation [−0.974]
4	Nutrient recovery [3]	Anaerobic digestion [0.986]	Biodiesel production [−0.957]
5	Viruses [3]	Fresh-water fungi [0.984]	Glucose [−0.957]
6	Cpf1 [3]	Leotiomycetes [0.984]	Biomass [−0.952]
7	Crispr [3]	Genome editing [0.972]	Ionic liquids [−0.946]
8	White-rot fungus [3]	Cpf1 [0.963]	Fluorescence [−0.931]

（续表）

序号	首次出现的主题	增速较快的主题	降速较快的主题
9	Humic acids [3]	Crispr [0.963]	Graphene oxide [−0.931]
10	Hydrothermal carbonization [3]	Humic acids [0.963]	Probe [−0.931]
11	Read alignment [2]	Hydrothermal carbonization [0.963]	Hydrolysis [−0.911]
12	Microbeads [2]	Nutrient recovery [0.963]	—
13	Plant diversity [2]	Viruses [0.963]	—
14	Soil organic-matter [2]	White-rot fungus [0.963]	—
15	Reconstitution [2]	Sewage-sludge [0.955]	—
16	Microcystis-aeruginosa [2]	Pseudomonas-aeruginosa [0.942]	—
17	Atlantic rain-forest [2]	Release [0.942]	—
18	Structure and function [2]	Cloning [0.932]	—
19	Triggered immunity [2]	Bacterial communities [0.928]	—
20	Viral suppressors [2]	Resistance [0.928]	—

（2）哈佛大学（Harvard Univ）

2010—2019 年哈佛大学微生物领域核心论文涉及基因方面的研究（约占其总核心论文数的 57%）和疾病研究、预防与控制（包括疫苗、抗生素等）（约占其总核心论文数的 36%）远远高于其他研究主题（表 4-29）。另外，免疫性研究、耐性与抗性研究（如抗药性）、微生物进化研究也是其主要研究方向（图 4-30）。

表 4-29　2010—2019 年 Harvard Univ 在微生物领域的主要研究主题

排名	主要研究主题	论文数 / 篇	占比
1	微生物基因识别、表达、转录、编辑、克隆、突变、基因组等研究	386	57.44%
2	疾病研究、预防与控制（包括疫苗、抗生素等）	239	35.57%
3	免疫性研究	94	13.99%
4	耐性与抗性研究（如抗药性）	72	10.71%
5	微生物进化研究	65	9.67%
6	微生物群落及生物多样性研究	62	9.23%
7	机制与动力学研究	61	9.08%
8	酶研究（如活性）	59	8.78%

（续表）

排名	主要研究主题	论文数 / 篇	占比
9	微生物结构研究	46	6.85%
10	合成生物学	39	5.80%

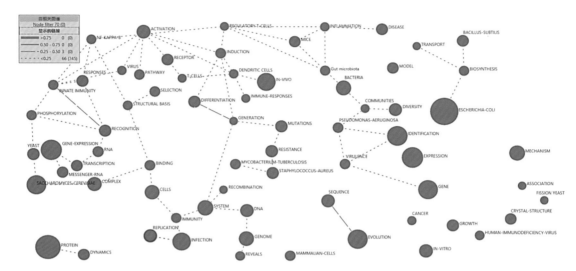

图 4-30　2010—2019 年 Harvard Univ 微生物领域核心论文研究主题知识图谱

　　分析 2010—2019 年 Harvard Univ 微生物领域核心论文研究主题的变化情况可以看出，其在 RNA 序列、转录空间重建、干细胞、基因有益突变、体内微生物平衡、活性基因等研究主题方面的核心论文增速较快（表 4-30）。

表 4-30　2017—2019 年 Harvard Univ 微生物领域核心论文研究主题变化情况

序号	首次出现的主题	增速较快的主题	降速较快的主题
1	Gene drive [2]	Rna-seq [0.999]	Infection [−0.914]
2	Spatial Reconstruction [2]	High throughput [0.996]	Escherichiacoli [−0.910]
3	BBB [2]	BBB [0.993]	—
4	Compartmentalization [1]	Gene drive [0.993]	—
5	Escherichia-Colirecbcd [1]	Spatial reconstruction [0.993]	—
6	Dissimilation [1]	Bacterial [0.987]	—
7	Enterobacterial genes [1]	Stem cells [0.987]	—
8	Blood [1]	Platform [0.985]	—
9	Culture models[1]	Beneficial mutations [0.963]	—
10	Astrocytes [1]	Database [0.963]	—

（续表）

序号	首次出现的主题	增速较快的主题	降速较快的主题
11	Corn pollen [1]	Health [0.963]	—
12	Bodies [1]	Homeostasis [0.963]	—
13	Deep-sea [1]	Time [0.948]	—
14	Equipment-free [1]	Active genes [0.941]	—
15	Encapsulin [1]	Adducts [0.941]	—
16	Cds [1]	Adoptive immunotherapy [0.941]	—
17	Apical loop [1]	Adoptive transfer [0.941]	—
18	Casein kinase 1 alpha [1]	Animals [0.941]	—
19	Active genes [1]	Apical loop [0.941]	—
20	Bacterial genes [1]	Asilomar conference [0.941]	—

（3）牛津大学（Univ Oxford）

2010—2019 年牛津大学微生物领域核心论文涉及基因方面的研究（约占其总核心论文数的 49%）和疾病方面的研究（约占其总核心论文数的 41%）同样远远高于其他研究主题。另外，耐性与抗性研究（如抗药性）、免疫性研究、微生物结构研究、微生物进化研究、机制与动力学研究等也是其主要研究方向（表 4-31 和图 4-31）。

表 4-31　2010—2019 年 Univ Oxford 在微生物领域的主要研究主题

排名	主要研究主题	论文数 / 篇	占比
1	微生物基因识别、表达、转录、编辑、克隆、突变、基因组等研究	178	49.04%
2	疾病研究、预防与控制（包括疫苗、抗生素等）	150	41.32%
3	耐性与抗性研究（如抗药性）	74	20.39%
4	免疫性研究	61	16.80%
5	微生物结构研究	52	14.33%
6	微生物进化研究	48	13.22%
7	机制与动力学研究	40	11.02%
8	生物传感器	37	10.19%
9	微生物群落及生物多样性研究	34	9.37%
10	酶研究（如活性）	13	3.58%

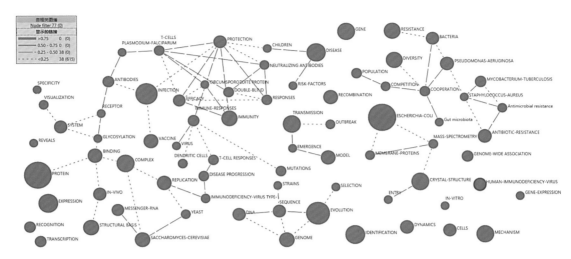

图 4-31　2010—2019 年 Univ Oxford 微生物领域核心论文研究主题知识图谱

分析 2010—2019 年 Univ Oxford 微生物领域核心论文研究主题变化情况可以看出，其在寨卡病毒、病毒毒力研究、微生物突变等研究主题方面的核心论文增速较快（表 4-32）。

表 4-32　2017—2019 年 Univ Oxford 微生物领域核心论文研究主题变化情况

序号	首次出现的主题	增速较快的主题	降速较快的主题
1	Zika virus [5]	Zika virus [0.996]	Recombination [−0.935]
2	Virulence [4]	Virulence [0.99]	—
3	Monoclonal-antibodies [3]	Mutations [0.975]	—
4	Cross-reactivity [3]	Cross-reactivity [0.975]	—
5	Degradation [3]	Degradation [0.975]	—
6	Intensity [2]	Monoclonal-antibodies [0.975]	—
7	Size [2]	Genome [0.974]	—
8	Import [2]	Activation [0.950]	—
9	Neutralizing human-antibodies [2]	Cryoelectron microscopy [0.950]	—
10	CD8+ T-cells [2]	Visualization [0.943]	—
11	Niche shifts [2]	Aicardi-goutieressyndrome [0.935]	—
12	Aicardi-goutieressyndrome [2]	Antibody-dependent enhancement [0.935]	—

第5章

全球微生物领域专利技术发展态势

内容提要

　　基于德温特创新索引世界专利数据库，利用 DI（Derwent Innovation）、Derwent Data Analyzer（DDA）等分析软件对全球微生物领域专利发展态势进行分析。分析结果表明：2010—2019 年全球范围内共有 10.126 万件微生物相关专利，申请国家主要有中国、美国、韩国、加拿大和日本等，专利数依次为 60 706 件、18 240 件、11 552 件、11 048 件和 7420 件，申请数占全部申请专利量的比例分别为 59.95%、18.01%、11.41%、10.91% 和 7.33%；全球微生物领域专利的主要专利权人包括江南大学、延世大学、浙江大学、中国农业大学、南京农业大学、华中农业大学、浙江科技大学、华南农业大学、中国科学院微生物研究所、天津科技大学等；专利申请量排名居前 10 位的技术方向分别为 C12N-001/20（细菌及其培养基）、C12N-001/21（引入外来遗传物质修饰的细菌）、C12N-001/19（引入外来遗传材料修饰的酵母菌）、C12N-005/10（经引入外来遗传物质而修饰的细胞，如病毒转化的细胞）、C12N-015/09（DNA 重组技术）、C12N-015/63（使用载体引入外来遗传物质的 DNA 重组技术）、C12N-001/14（真菌及其培养基）、C12N-001/15（引入外来遗传物质修饰的真菌）、C12R-001/01（细菌或放线菌目）和 C12Q-001/68（基于核酸酶或微生物的测定或检验方法）。

　　依据专利引用、专利家族等分析指标共筛选出 4610 件核心专利，占全部专利量的 4.55%。核心专利量排名居前 5 位的国家和地区依次为美国、加拿大、中国、韩国和欧洲。核心专利研发热点主题主要包括基因工程菌生产丁二醇与丁醇等产品、纤维素降解、复合微生物菌剂、生物反应器、肠道菌、肝炎病毒、基因编辑、单克隆抗体等；排名居前 5 位的技术方向依次为 C12N-001/21（引入外来遗传物质修饰的细菌）、C12N-005/10（经引入外来遗传物质而修饰的细胞，如病毒转化的细胞）、C12N-015/09（DNA 重组技术）、C12N-001/19（引入外来遗传材料修饰的酵母菌）和 C12N-001/15（引入外来遗传物质修饰的真菌）。排名居前 5 位的专利权人主要有罗氏制药、诺维信集团、诺华制药公司、哈佛大学、丹尼斯克集团，可以看出，核心专利主要掌握在国外制药企业手中。

5.1 专利总体态势分析

5.1.1 专利申请量年度变化

2010—2019 年，全球微生物领域专利申请量呈逐年增长态势。由于专利公布具有一定的滞后性，所以 2018 年和 2019 年的数据仅供参考（图 5-1）。

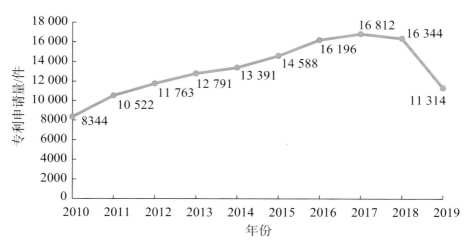

图 5-1 2010—2019 年全球微生物领域专利申请量年度变化情况

5.1.2 主要研发技术方向

5.1.2.1 技术方向布局

以 IPC 分类号为基础，通过统计各类专利技术分支的出现频次，可以发现全球微生物领域专利的技术方向布局（表 5-1）。其中排名居前 10 位的技术方向分别为 C12N-001/20（细菌及其培养基）、C12N-001/21（引入外来遗传物质修饰的细菌）、C12N-001/19（引入外来遗传材料修饰的酵母菌）、C12N-005/10（经引入外来遗传物质而修饰的细胞，如病毒转化的细胞）、C12N-015/09（DNA 重组技术）、C12N-015/63（使用载体引入外来遗传物质的 DNA 重组技术）、C12N-001/14（真菌及其培养基）、C12N-001/15（引入外来遗传物质修饰的真菌）、C12R-001/01（细菌或放线菌目）和 C12Q-001/68（基于核酸酶或微生物的测定或检验方法）。

表 5-1　全球微生物领域专利的主要技术方向布局

排名	技术方向	中文名	专利量 / 件
1	C12N-001/20	细菌及其培养基	28 646
2	C12N-001/21	引入外来遗传物质修饰的细菌	18 578
3	C12N-001/19	引入外来遗传材料修饰的酵母菌	10 917
4	C12N-005/10	经引入外来遗传物质而修饰的细胞，如病毒转化的细胞	10 774
5	C12N-015/09	DNA 重组技术	10 032
6	C12N-015/63	使用载体引入外来遗传物质的 DNA 重组技术	9637
7	C12N-001/14	真菌及其培养基	8846
8	C12N-001/15	引入外来遗传物质修饰的真菌	8183
9	C12R-001/01	细菌或放线菌目	7877
10	C12Q-001/68	基于核酸酶或微生物的测定或检验方法	6626
11	C12N-015/11	DNA 重组修饰技术	6620
12	C12N-007/00	病毒及其组合物的制备或纯化	6373
13	C12N-015/70	大肠杆菌 DNA 重组技术	6359
14	A61P-035/00	抗肿瘤药	5663
15	C12N-001/00	微生物及其组合物制备或分离、繁殖、维持或保藏方法	5347
16	A61K-039/00	含有抗原或抗体的医药配制品	5134
17	C12R-001/645	真菌	5097
18	A61K-048/00	基因治疗	4772
19	C12R-001/19	大肠杆菌	4260
20	C12N-001/12	单细胞藻类	4071

5.1.2.2　主要研发技术方向年度变化

图 5-2 为 2010—2019 年全球微生物领域专利的主要研发技术方向年度变化情况，C12N-001/20（细菌及其培养基）居前 10 位的技术方向中增速最快的技术方向。

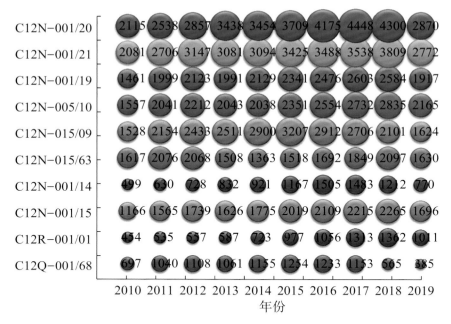

图 5-2　2010—2019 全球微生物领域专利的主要研发技术方向年度变化情况

5.1.3　主要优先权国家（地区）

5.1.3.1　主要优先权国家（地区）分布情况

全球微生物领域专利主要优先权国家（地区）分布情况如图 5-3 所示。专利申请量排名居前 5 位的国家（地区）分别为中国、美国、韩国、加拿大和日本，专利申请量占全球专利总量的比例分别为 59.95%、18.01%、11.41%、10.91% 和 7.33%。

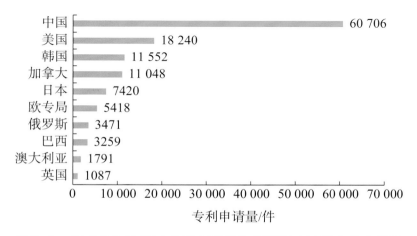

图 5-3　全球微生物领域专利主要优先权国家（地区）分布情况

5.1.3.2　主要优先权国家（地区）年度变化情况

由图5-4可以看出，2010—2019年中国在微生物领域专利申请量快速增长，专利申请量从2010年的3182件增加到2018年的10 811件。

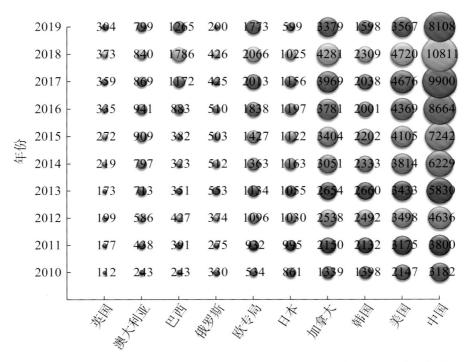

图 5-4　2010—2019 年全球微生物领域专利主要产出国家（地区）的年度变化情况（单位：件）

5.1.4　主要专利权人分析

5.1.4.1　主要专利权人

全球微生物领域专利的主要专利权人包括江南大学、延世大学、浙江大学、中国农业大学、南京农业大学、华中农业大学、浙江科技大学、华南农业大学、中国科学院微生物研究所、天津科技大学等。在专利申请量排名居前20位的专利权人中，共有14家中国高校或科研院所，只有诺维信（Novozymes）1家公司入选前二十（图5-5）。

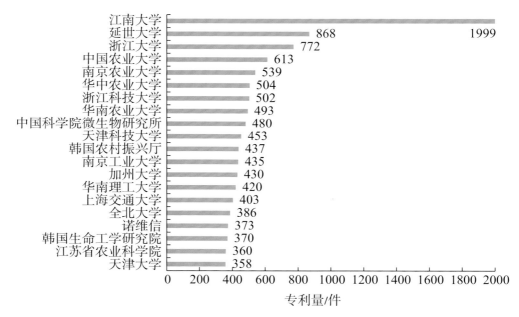

图 5-5 全球微生物领域主要专利权人

5.1.4.2 主要专利权人市场保护重点

从表 5-2 可以看出，各国机构在本国申请的专利占比都比较高；相比中国机构专利布局，国外公司在本国之外的其他国家和地区都有一定程度的专利布局，但中国专利市场保护主要集中在中国内地。

5.1.4.3 主要专利权人合作情况

分析全球微生物领域主要专利权人合作情况可以看出，韩国主要专利权人之间合作较为密切，韩国和加州大学也有合作，我国的专利权人合作较少，如图 5-6 所示。

5.1.4.4 主要专利权人年度变化情况

江南大学专利申请增速较快，2010 年的申请量只有 91 件，到 2018 年达 347 件。其他专利权人 2010—2019 年专利申请量基本较稳定，如图 5-7 所示。

表 5-2　全球微生物领域主要专利权人市场保护重点

主要专利权人	主要保护市场及专利总量/件															
	CN	WO	US	EP	JP	KR	CA	AU	IN	BR	RU	MX	HK	SG	ES	TW
江南大学	1989	96	92	10	6	6	1	5	1	1				1		
延世大学	66	171	126	51	56	852	12	14	16	6	4	2		2	4	1
浙江大学	770	18	11	3	4	1	1	1	2							
中国农业大学	612	13	3	1				1		1		1				
南京农业大学	538	11	7	4	2	3	2	3							1	
华中农业大学	504	3	2													
浙江科技大学	501	6	5													
华南农业大学	493	2	3	1					1							
中国科学院微生物研究所	480	14	10	9	6	4	2									
天津科技大学	452	8	3	1	2											
韩国农村振兴厅		14	1	1	4	436		1								
南京工业大学	432	12	7	1												
加州大学	120	342	387	181	122	62	114	101	60	58	10	30	42	20	18	5
华南理工大学	419	20	6	5	1			1					2	2		
上海交通大学	401	16	11	6	5	3	3	3	2	3	3	3	2	3		1
全北大学	9	41	18	6	9	386	1	2		1			1	1		
诺维信	251	341	342	290	51	15	117	48	124	127	16	78	1	3	55	
韩国生命工学研究院	38	116	66	31	27	362	4	4	9	4	2	4			2	
江苏省农业科学院	359	9	6	5	5			2		4						3
天津大学	355	10	6	1												

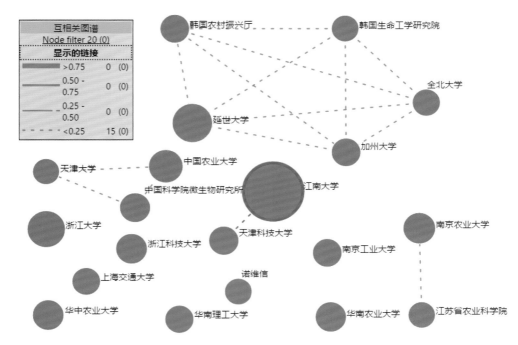

图 5-6　全球微生物领域主要专利权人合作情况

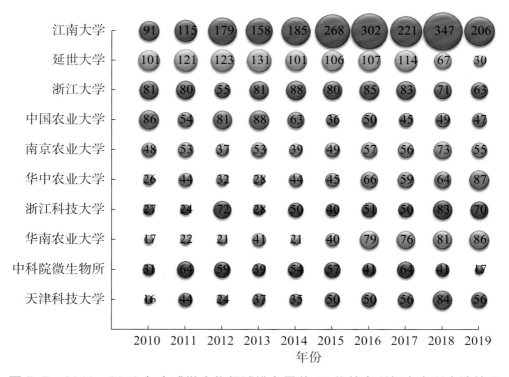

图 5-7　2010—2019 年全球微生物领域排名居前 10 位的专利权人专利申请情况

5.1.5.3　浙江大学

（1）专利申请情况

2010—2019 年浙江大学共申请微生物相关的专利有 767 件，申请专利数比较稳定（图 5-14）。

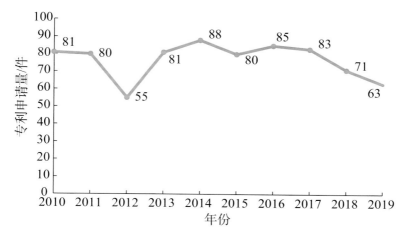

图 5-14　2010—2019 年浙江大学微生物相关专利申请量变化情况

（2）专利受理国家、地区及国际组织分析

浙江大学微生物相关专利受理国家、地区及国际组织主要集中在中国，其次为世专局、美国和日本（图 5-15）。

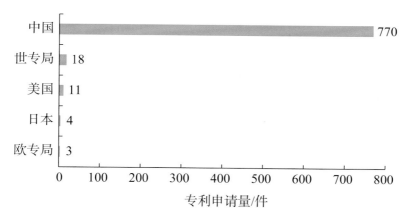

图 5-15　浙江大学微生物相关专利受理国家、地区及国际组织

（3）专利技术布局

表 5-5 为浙江大学微生物技术专利居前 10 位的技术方向布局（IPC 小组），排名居前 3 位的技术方向分别为 C12N-001/20（细菌及其培养基）、C12N-

001/21（引入外来遗传物质修饰的细菌）和 C12N-015/63（使用载体引入外来遗传物质的 DNA 重组技术）。

表 5-5　浙江大学微生物领域专利居前 10 位的技术方向布局

排名	技术方向	中文名	专利量 / 件
1	C12N-001/20	细菌及其培养基	165
2	C12N-001/21	引入外来遗传物质修饰的细菌	106
3	C12N-015/63	使用载体引入外来遗传物质的 DNA 重组技术	76
4	C12R-001/01	细菌或放线菌目	75
5	C12N-015/70	大肠杆菌 DNA 重组技术	70
6	C12N-001/14	真菌及其培养基	63
7	C12N-001/19	引入外来遗传物质修饰的酵母菌	63
8	C12R-001/645	真菌	57
9	C12R-001/19	大肠杆菌	54
10	A01H-005/00	被子植物培育	42

（4）专利技术研发热点主题

从图 5-16 可以看出，浙江大学微生物相关专利技术研发热点主题主要有内生真菌、微藻、杂交瘤细胞株、番茄育种、通道、乳酸菌等。

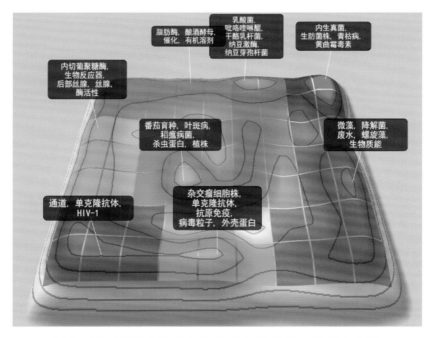

图 5-16　浙江大学微生物相关专利技术研发热点主题

5.2　核心专利分析

5.2.1　专利总体情况

依据专利引用、专利家族等分析指标共筛选出 4610 件核心专利，占全部专利量的 4.55%。

5.2.1.1　专利申请量年度变化

2010—2019 年全球微生物技术核心专利量不断增加。从专利优先权年看，近年来的核心专利量比较稳定，但由于专利申请的滞后性，2018 年和 2019 年的数据仅供参考，下同（图 5-17 和图 5-18）。

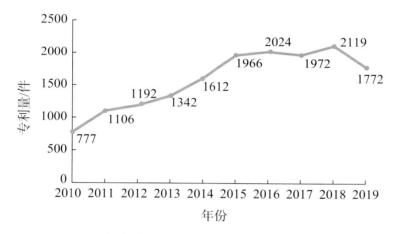

图 5-17　2010—2019 年全球微生物技术核心专利量年度变化情况（申请年）

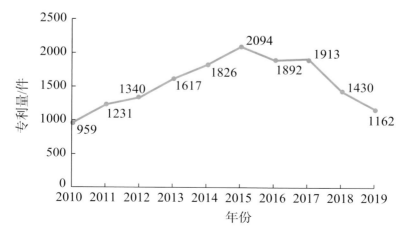

图 5-18　2010—2019 年全球微生物技术核心优先权年度变化情况（优先权年）

5.2.1.2　核心专利技术方向分布情况

全球微生物领域排名居前 15 位的技术方向布局如表 5-6 所示，其中排名居前 5 位的技术方向依次为 C12N-001/21（引入外来遗传物质修饰的细菌）、C12N-005/10（经引入外来遗传物质而修饰的细胞，如病毒转化的细胞）、C12N-015/09（DNA 重组技术）、C12N-001/19（引入外来遗传材料修饰的酵母菌）和 C12N-001/15（引入外来遗传物质修饰的真菌）。

表 5-6　全球微生物领域排名居前 15 位的技术方向布局

排名	技术方向	中文名	专利量 / 件
1	C12N-001/21	引入外来遗传物质修饰的细菌	2452
2	C12N-005/10	经引入外来遗传物质而修饰的细胞，如病毒转化的细胞	2447
3	C12N-015/09	DNA 重组技术	2361
4	C12N-001/19	引入外来遗传材料修饰的酵母菌	2175
5	C12N-001/15	引入外来遗传物质修饰的真菌	2047
6	C12N-015/63	使用载体引入外来遗传物质的 DNA 重组技术	1759
7	A61P-035/00	抗肿瘤药	1629
8	A61K-039/395	含有抗体的医药配制品	1533
9	A61K-039/00	含有抗原或抗体的医药配制品	1471
10	C12N-001/20	细菌及其培养基	1222
11	A61K-000/00	医用配制品	1220
12	C12N-015/13	编码免疫蛋白基因的 DNA 或 RNA 片段	1213
13	C07K-016/28	来自动物和人体的抗体	1203
14	A61P-043/00	肽	1178
15	C07K-000/00	单克隆抗体	1127

5.2.1.3　主要技术方向年度变化情况

图 5-19 为 2010—2019 年全球微生物研究领域核心专利主要技术方向年度变化情况。

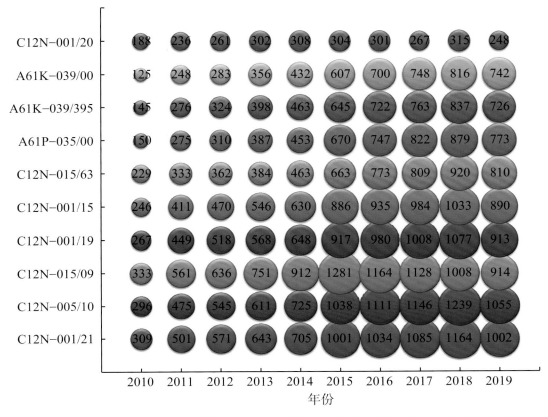

图 5-19　2010—2019 年全球微生物研究领域核心专利主要技术方向年度变化情况

注：C12N-001/21（引入外来遗传物质修饰的细菌）、C12N-005/10（经引入外来遗传物质而修饰的细胞，如病毒转化的细胞）、C12N-015/09（DNA 重组技术）、C12N-001/19（引入外来遗传材料修饰的酵母菌）和 C12N-001/15（引入外来遗传物质修饰的真菌）、C12N-015/63（使用载体引入外来遗传物质的 DNA 重组技术）、A61P-035/00（抗肿瘤药）、A61K-039/395（含有抗体的医药配制品）、A61K-039/00（含有抗原或抗体的医药配制品）和 C12N-001/20（细菌及其培养基）。

5.2.1.4　核心专利研发热点主题

图 5-20 为全球微生物技术核心专利研发热点主题。可以看出，全球微生物研究核心专利主要集中在纤维素降解、复合微生物菌剂、生物反应器、肠道菌、肝炎病毒、基因编辑、单克隆抗体等主题。

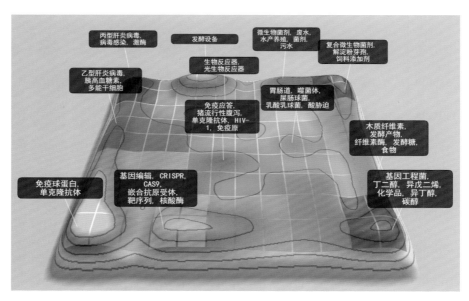

图 5-20　全球微生物技术核心专利研发热点主题

5.2.2　核心专利主要受理国家、地区及国际组织分析

5.2.2.1　核心专利受理国家、地区及国际组织排名

全球微生物技术核心专利受理国家、地区及国际组织的分布情况如图 5-21 所示。受理核心专利量排名居前 5 位的国家、地区及国际组织依次为美国、加拿大、中国、韩国和欧专局。其中美国受理核心专利量 3602 件，占核心专利量总数的 21.95%；加拿大受理核心专利量 3569 件，占核心专利量总数的 21.75%；中国受理核心专利量 2560 件，占核心专利量总数的 15.60%。

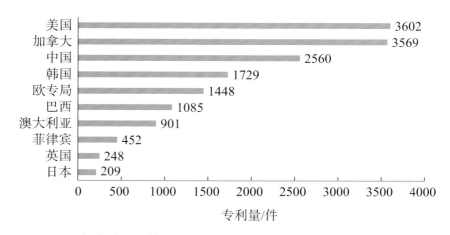

图 5-21　全球微生物技术核心专利的国家、地区及国际组织分布情况

5.2.2.2　主要受理国家、地区及国际组织年度变化情况

　　美国、加拿大对微生物核心专利技术的领域关注度及研发热度一直较高，领先于其他国家、地区及国际组织；近 5 年来，中国核心专利受理量稳步增长，总量进入世界前三（图 5-22）。

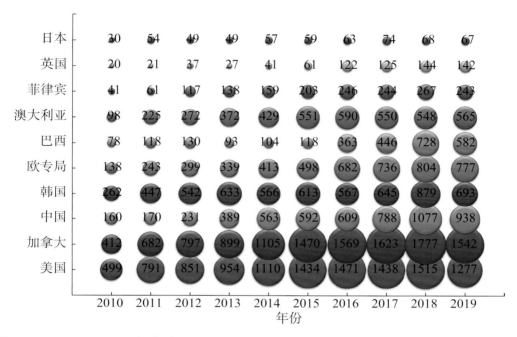

图 5-22　2010—2019 年全球微生物核心专利技术的主要受理国家、地区及国际组织的变化情况

5.2.3　核心专利权人分析

5.2.3.1　主要专利权人

　　在核心专利中，全球微生物领域排名居前 10 位的专利权人共有核心专利 844 件，占全部核心专利的 18.30%，其中罗氏制药 124 件，占核心专利总数的 2.69%；诺维信集团 121 件，占 2.62%；诺华制药公司 94 件，占 2.04%（表 5-7）。排名居前 10 位核心专利权人均为国外机构，可以看出核心专利基本上都掌握在国外公司或研究机构的手中。

表 5-7　全球微生物领域核心专利排名居前 10 位的专利权人

序号	专利权人	核心专利量 / 件	占比
1	罗氏制药	124	2.69%
2	诺维信集团	121	2.62%
3	诺华制药公司	94	2.04%
4	哈佛大学	86	1.87%
5	丹尼斯克集团	79	1.71%
6	麻省理工学院	77	1.67%
7	美国安进公司	70	1.52%
8	美国基因泰克公司[①]	70	1.52%
9	美国卫生与公众服务部	66	1.43%
10	宾夕法尼亚大学	57	1.24%

5.2.3.2　主要专利权人年度专利产出变化情况

图 5-23 为 2010—2019 年全球微生物核心专利技术的国外排名居前 10 位的专利权人核心专利产出情况，整体呈现逐年增加的态势，特别是哈佛大学、麻省理工学院和宾夕法尼亚大学等高校的核心专利量增加较明显。

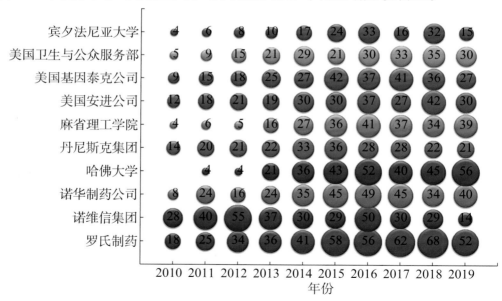

图 5-23　2010—2019 年全球微生物核心专利技术的国外排名居前 10 位的专利权人核心专利产出情况

---

① 美国基因泰克公司已被罗氏制药收购。

5.2.3.3　主要核心专利权人合作情况

　　主要核心专利权人中罗氏制药和基因泰克公司之间的合作强度较高，BROAD 研究所、麻省理工学院、张锋、哈佛大学直接合作较强，宾夕法尼亚大学和诺华制药公司、葛兰素史克制药公司之间合作较多，默沙东更多与张锋等个人合作较多，其他专利权人之间没有合作关系（图 5-24）。

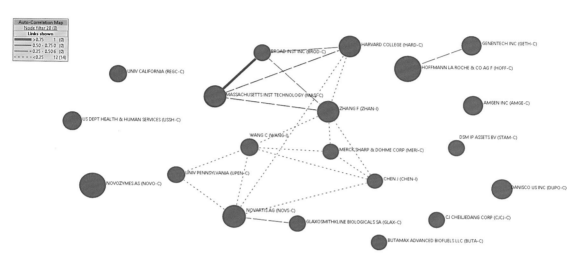

图 5-24　全球微生物领域居前 20 位的核心专利权人合作情况

注：圆点代表专利权人数量，圆点越大，专利权人数越多。

5.2.4　重点国家分析

5.2.4.1　美国

　　（1）核心专利申请数量年度变化

　　2010—2019 年，美国在微生物技术方面的核心专利量不断增加。2010年美国的核心专利产出量为 499 件，到 2018 年核心专利产出量为 1515 件（图 5-25）。

　　（2）核心专利受理国家、地区及国际组织布局

　　通过微生物技术核心专利受理国家、地区及国际组织布局情况分析发现，美国在本土布局了 3474 件，在世专局布局了 3460 件，在欧专局布局了 3193 件，在加拿大布局了 2716 件，在中国布局了 2639 件（图 5-26）。

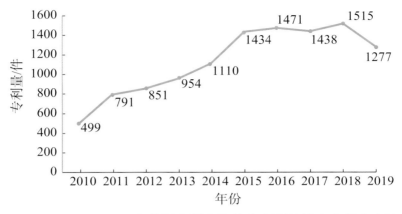

图 5-25　2010—2019 年美国在微生物技术方面的核心专利产出情况

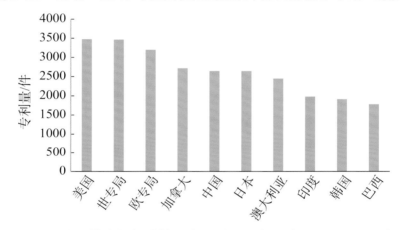

图 5-26　美国微生物领域核心专利受理国家、地区及国际组织布局

（3）核心专利主要技术方向

美国的微生物技术核心专利主要技术方向依次为 C12N-015/09（DNA 重组技术）、C12N-005/10（经引入外来遗传物质而修饰的细胞，如病毒转化的细胞）、C12N-001/21（引入外来遗传物质修饰的细菌）、C12N-001/19（引入外来遗传材料修饰的酵母菌）和 C12N-001/15（引入外来遗传物质修饰的真菌），如表 5-8 所示。

表 5-8　美国微生物领域核心专利的主要技术方向

排名	技术方向	中文名	专利量 / 件
1	C12N-015/09	DNA 重组技术	1787
2	C12N-005/10	经引入外来遗传物质而修饰的细胞，如病毒转化的细胞	1776
3	C12N-001/21	引入外来遗传物质修饰的细菌	1738
4	C12N-001/19	引入外来遗传材料修饰的酵母菌	1578

（续表）

排名	技术方向	中文名	专利量 / 件
5	C12N-001/15	引入外来遗传物质修饰的真菌	1482
6	C12N-015/63	使用载体引入外来遗传物质的 DNA 重组技术	1278
7	A61P-035/00	抗肿瘤药	1153
8	A61K-039/395	含有抗体的医药配制品	1101
9	A61K-039/00	含有抗原或抗体的医药配制品	1085
10	A61P-043/00	肽	881

（4）核心专利研发热点主题

美国微生物领域核心研发热点主题为单克隆抗体、基因治疗、生物反应器、益生菌、纤维素降解酶、内生菌、丙型肝炎病毒等技术主题，如图 5-27 所示。

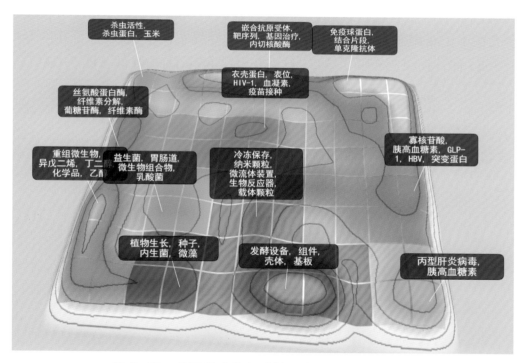

图 5-27　美国微生物领域核心专利研发热点主题

5.2.4.2　加拿大

（1）核心专利申请数量年度变化

2010—2019 年，加拿大在微生物技术方面的核心专利产出量呈逐年增长态势，到 2018 年核心专利产出量达 1777 件（图 5-28）。

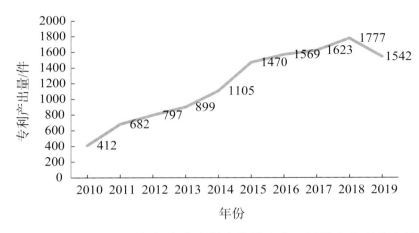

图 5-28　2010—2019 年加拿大在微生物技术方面的核心专利产出情况

（2）核心专利受理国家、地区及国际组织布局

通过微生物技术核心专利受理国家、地区及国际组织布局情况分析发现，加拿大在本土布局了核心专利 3569 件，在世专局布局了 3567 件，在欧专局布局了 3534 件，在美国布局了 3453 件，在日本布局了 3160 件（图 5-29）。

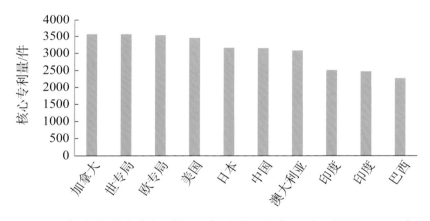

图 5-29　加拿大微生物领域核心专利受理国家、地区及国际组织布局

（3）核心专利主要技术方向

加拿大的微生物领域核心专利主要技术方向依次为 C12N-005/10（经引入外来遗传物质而修饰的细胞，如病毒转化的细胞）、C12N-015/09（DNA 重组技术）、C12N-001/21（引入外来遗传物质修饰的细菌）、C12N-001/19（引入外来遗传材料修饰的酵母菌）和 C12N-001/15（引入外来遗传物质修饰的真菌），如表 5-9 所示。

表 5-9　加拿大微生物领域核心专利的主要技术方向

排名	技术方向	中文名	核心专利量 / 件
1	C12N-005/10	经引入外来遗传物质而修饰的细胞，如病毒转化的细胞	2073
2	C12N-015/09	DNA 重组技术	2000
3	C12N-001/21	引入外来遗传物质修饰的细菌	1968
4	C12N-001/19	引入外来遗传材料修饰的酵母菌	1838
5	C12N-001/15	引入外来遗传物质修饰的真菌	1753
6	C12N-015/63	使用载体引入外来遗传物质的 DNA 重组技术	1438
7	A61P-035/00	抗肿瘤药	1421
8	A61K-039/395	含有抗体的医药配制品	1382
9	A61K-039/00	含有抗原或抗体的医药配制品	1290
10	C12N-015/13	编码免疫球蛋白基因的 DNA 或 RNA 片段	1116

（4）核心专利研发热点主题

加拿大微生物领域核心专利主要集中在甲型流感病毒、基因编辑、杀虫蛋白、肠道微生物、工程菌生产丁二醇等、生物质、丙型肝炎病毒、免疫缀合物等技术主题，如图 5-30 所示。

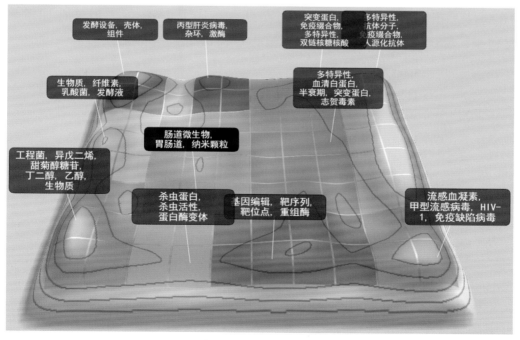

图 5-30　加拿大微生物领域核心专利研发热点主题

5.2.4.3　中国

（1）核心专利申请数量年度变化

2010—2019 年，中国在微生物领域的核心专利量逐年快速增长，2018 年核心专利产出量 1077 件（图 5-31）。

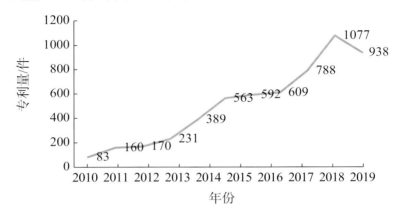

图 5-31　2010—2019 年中国在微生物技术方面的核心专利产出情况

（2）核心专利受理国家、地区及国际组织布局

通过微生物技术核心专利受理国家、地区及国际组织布局情况分析发现，中国在本土布局了核心专利 2542 件，在世专局布局了 1690 件，在欧专局布局了 1620 件，在美国布局了 1563 件，在日本布局了 1501 件，另外在加拿大、澳大利亚、韩国、印度、巴西也都有核心专利布局（图 5-32）。

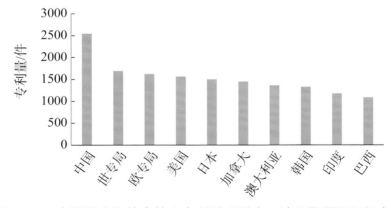

图 5-32　中国微生物技术核心专利受理国家、地区及国际组织布局

（3）核心专利主要技术方向

中国微生物领域核心专利主要技术方向依次为 C12N-005/10（经引入外来遗传物质而修饰的细胞，如病毒转化的细胞）、C12N-001/21（引入外来遗

传物质修饰的细菌）、C12N-001/19（引入外来遗传材料修饰的酵母菌）、C12N-001/15（引入外来遗传物质修饰的真菌）和 C12N-015/63（使用载体引入外来遗传物质的 DNA 重组技术），如表 5-10 所示。

表 5-10　中国微生物技术核心专利的主要技术方向

排名	技术方向	中文名	核心专利量 / 件
1	C12N-005/10	经引入外来遗传物质而修饰的细胞，如病毒转化的细胞	1023
2	C12N-001/21	引入外来遗传物质修饰的细菌	993
3	C12N-001/19	引入外来遗传材料修饰的酵母菌	859
4	C12N-001/15	引入外来遗传物质修饰的真菌	822
5	C12N-015/63	使用载体引入外来遗传物质的 DNA 重组技术	811
6	A61P-035/00	抗肿瘤药	746
7	A61K-039/395	含有抗体的医药配制品	687
8	C12N-015/09	DNA 重组技术	683
9	A61K-039/00	含有抗原或抗体的医药配制品	665
10	C12N-001/20	细菌及其培养基	653

（4）核心专利研发热点主题

中国微生物技术核心专利主要集中在脱氢酶、重组微生物、微生物菌剂、双特异性抗体、基因编辑、乙型肝炎病毒、微生物发酵等技术主题，如图 5-33 所示。

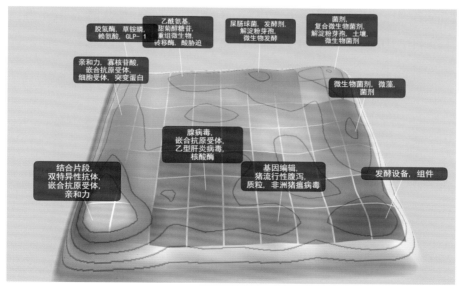

图 5-33　中国微生物技术核心专利研发热点主题

5.2.5 核心专利主要研发机构分析

5.2.5.1 罗氏制药

（1）核心专利申请量年度变化

2010—2019 年，罗氏制药微生物技术核心专利产出量整体呈不断增加的趋势，如图 5-34 所示。

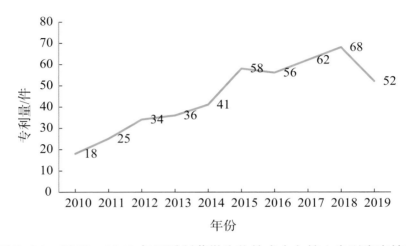

图 5-34 2010—2019 年罗氏制药微生物技术方向核心专利产出情况

（2）核心专利受理国家、地区及国际组织

罗氏制药核心专利主要布局在欧专局、日本、中国、世专局和美国等国家、地区及国际组织，其中在欧专局申请了 124 件，在日本申请了 124 件，在中国申请了 123 件，在世专局申请了 123 件，在美国申请了 119 件（图 5-35）。

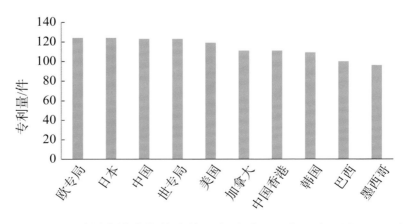

图 5-35 罗氏制药微生物技术核心专利受理国家、地区及国际组织

（3）核心专利主要技术方向

罗氏制药的微生物技术核心专利主要技术方向依次为 C12N-005/10（经引入外来遗传物质而修饰的细胞，如病毒转化的细胞）、A61K-039/395（含有抗体的医药配制品）、C12N-001/21（引入外来遗传物质修饰的细菌）、C07K-016/28（来自动物或人的抗受体）和 C12N-001/19（引入外来遗传材料修饰的酵母菌），如表 5-11 所示。

表 5-11　罗氏制药微生物技术核心专利的主要技术方向

排名	技术方向	中文名	核心专利量 / 件
1	C12N-005/10	经引入外来遗传物质而修饰的细胞，如病毒转化的细胞	100
2	A61K-039/395	含有抗体的医药配制品	99
3	C12N-001/21	引入外来遗传物质修饰的细菌	97
4	C07K-016/28	来自动物或人的抗受体	91
5	C12N-001/19	引入外来遗传材料修饰的酵母菌	91
6	C12N-001/15	引入外来遗传物质修饰的真菌	90
7	C12P-021/08	单克隆抗体	90
8	A61P-035/00	抗肿瘤药	88
9	C12N-015/09	DNA 重组技术	86
10	C12N-015/13	编码免疫球蛋白基因的 DNA 或 RNA 片段	82

（4）核心专利研发热点主题

罗氏制药的微生物核心专利研发热点主题包括氧化酶、三聚体、等位基因、异源多肽、蛋白质复合物、双特异性抗体、结合蛋白等，如图 5-36 所示。

5.2.5.2　诺维信集团

（1）核心专利申请数量年度变化

2010—2019 年，诺维信集团微生物技术方向核心专利产出情况如图 5-37 所示。

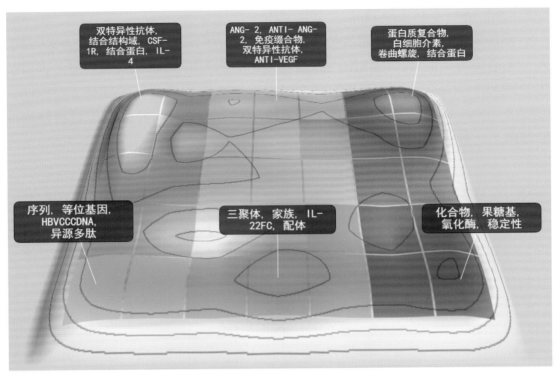

图 5-36　罗氏制药微生物技术核心专利研发热点主题

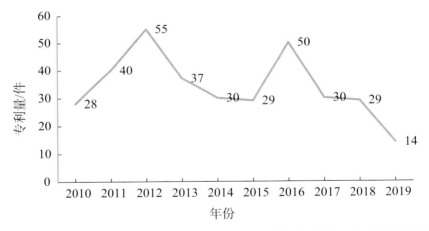

图 5-37　2010—2019 年诺维信集团微生物技术方向核心专利产出情况

（2）核心专利受理国家、地区及国际组织

诺维信集团微生物技术核心专利主要布局在美国、世专局、欧专局、中国和印度等国家、地区及国际组织，其中在美国申请了 120 件，在世专局申请了 120 件，在欧专局申请了 115 件，在中国申请了 103 件，在印度申请了 74 件（图 5-38）。

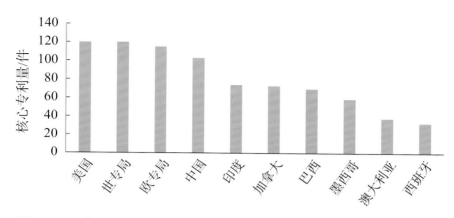

图 5-38　诺维信集团微生物技术核心专利受理国家、地区及国际组织

（3）核心专利主要技术方向

诺维信集团微生物核心专利主要技术方向依次为 C12P-019/14（由碳水化合物酶作用产生的含有糖残基的化合物的制备）、C12N-009/24（作用在糖基化合物上的水解酶）、C12N-009/42（作用在 β-1，4-糖苷键上的水解酶，如纤维素酶）、C12N-005/10（经引入外来遗传物质而修饰的细胞，如病毒转化的细胞）和 C12N-001/15（引入外来遗传物质修饰的真菌），如表 5-12 所示。

表 5-12　诺维信集团微生物技术核心专利的主要技术方向

排名	技术方向	中文名	核心专利量 / 件
1	C12P-019/14	由碳水化合物酶作用产生的含有糖残基的化合物的制备	49
2	C12N-009/24	作用在糖基化合物上的水解酶	45
3	C12N-009/42	作用在 β-1，4-糖苷键上的水解酶，如纤维素酶	44
4	C12N-005/10	经引入外来遗传物质而修饰的细胞，如病毒转化的细胞	43
5	C12N-001/15	引入外来遗传物质修饰的真菌	41
6	C12N-015/56	作用于糖基化合物的水解酶编码基因	39
7	C12P-019/02	单糖化合物的制备	39
8	C12N-001/19	引入外来遗传材料修饰的酵母菌	37
9	C12N-001/21	引入外来遗传物质修饰的细菌	37
10	C12N-015/63	使用载体引入外来遗传物质的 DNA 重组技术	30

（4）核心专利研发热点主题

诺维信集团微生物技术核心专利研发热点主题包括淀粉酶、微生物、纤维素、水解酶、多肽等，如图 5-39 所示。

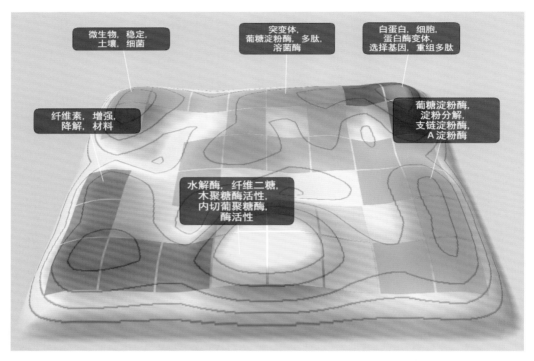

图 5-39　诺维信集团微生物技术核心专利研发热点主题

5.2.5.3　诺华制药公司

（1）核心专利申请数量年度变化

2010—2019 年，诺华制药公司微生物技术核心专利产出量逐年增长，如图 5-40 所示。

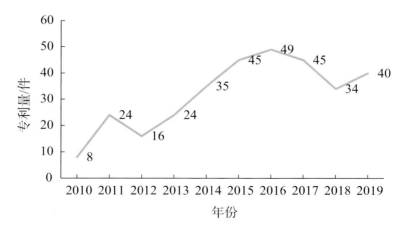

图 5-40　2010—2019 年诺华制药公司微生物技术核心专利产出情况

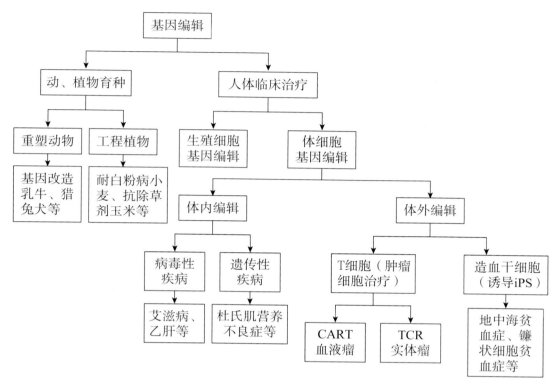

图 6-1　基因编辑技术的应用分类

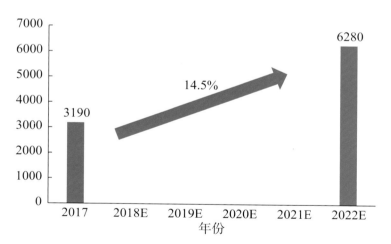

图 6-2　全球基因组编辑市场规模（单位：百万美元）

随着世界人口老龄化的增长和疾病的流行不断加剧，在治愈慢性疾病和改善患者的生活质量方面对基因治疗的需求正在增加。并且人们对于基因治疗意识的不断完善、政府和私人资金的逐渐增加等原因促使 CRISPR 技术市场的增长。但是世界各地的严格法规、道德问题及价格压力抑制了 CRISPR 技术市场的增长[①]。

2017年，CRISPR技术的全球市场收入为546.3百万美元，预计到2027年，CRISPR技术的全球市场收入将达到1 0553.4百万美元，2018—2027年的复合年均增长率为34.46%。基因的治疗在美国、日本、德国和英国迅速发展起来，其中美国是CRISPR技术发展最关键的推动国家[①]（图6-3）。

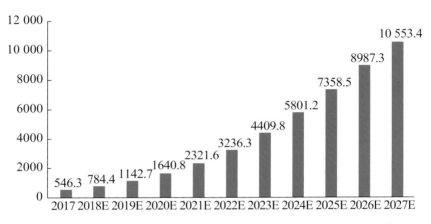

图6-3 全球CRISPR技术市场规模（单位：百万美元）[①]

6.1.2 技术研发趋势

（1）前沿研究

基因编辑前沿研究发展可以分为2个阶段：2011年之前为第一阶段，相关前沿研究数量较少；2012年到目前为第二阶段，随着第一代基因编辑技术主要以锌指核酸酶（Zinc-Finger Nucleases, ZFN）、第二代基因编辑技术转录激活因子样效应因物核酸酶（Transcription Activator-Like Effector Nucleases, TALEN）的发展和成熟及第三代基因编辑技术CRISPR的出现，基因编辑相关前沿研究数量开始快速增加，特别是2013年随着基因编辑技术CRISPR的突破，基因编辑前沿研究开始快速增长，近年来，增加的前沿研究数量主要集中在基因编辑技术CRISPR，而第一代和第二段基因编辑技术前沿研究数据呈下降趋势。

通过对比基因编辑技术主要国家和地区的重点研发技术方向实力，无论

---

① Global CRISPR Technology Market - Analysis Forecast 2018—2027 [DB/OL]. [2019−09−27]. http://site. secu rities. com.

是第一代基因编辑技术锌指核酸酶（zinc-finger nucleases, ZFN）、第二代基因编辑技术转录激活因子样效应物核酸酶（transcription activator-like effector nucleases, TALEN）、第三代基因编辑技术 CRISPR，还是其他基因编辑技术，美国都占据绝对优势。

基因编辑技术前沿研究排名居前 15 位的机构中，有 15 家机构为美国公司或高校。其中排名居前 5 位的研发机构依次为美国 Sangamo BioSci、华盛顿大学、斯坦福大学、哈佛大学医学院和杜克大学。

（2）基础研究

基因编辑基础研究发展可以分为 3 个阶段：1980—1990 年为第一阶段，相关论文数量较少；1991—2012 年为第二阶段，随着第一代基因编辑技术主要以锌指核酸酶（zinc-finger nucleases, ZFN）、第二代基因编辑技术转录激活因子样效应因物核酸酶（transcription activator-like effector nucleases, TALEN）的发展和成熟及第三代基因编辑技术 CRISPR 的出现，基因编辑相关论文数量开始逐年增多；2013 年至今为第三阶段，2013 年是 CRISPR 基因编辑技术突破性发展的关键年，随着 CRISPR 基因编辑技术的突破，基因编辑论文开始快速增长，目前仍处于快速增长阶段。

基因编辑技术基础研究论文主要集中在美国（发文量为 8470 篇，占论文总数量的 50.13%）、中国（发文量为 3207 篇，占 18.98%）、日本（发文量为 1351，占 8.00%）、德国（发文量为 1340 篇，占 7.62%）、英国（发文量为 1287 篇，占 7.62%）等国家，其中美国发文量遥遥领先。

基因编辑技术基础研究论文中出现频次较高的关键词有 crispr/cas9、genome editing、crispr、crispr/cas、talen 等。

利用 VOSviewer 软件对 15 360 篇文献题目和摘要进行主题聚类，发现基因编辑技术涉及的基础研究被聚类成典型的几个方向，主要包括 crispr/cas9 相关的第三代基因编辑技术、以锌指核酸酶（ZFN）为代表的第一代基因编辑技术及 crisper/cas 系统（图 6-4）。

VOSviewer 构建的基因编辑技术基础研究热点主题密度显示，crispr/cas9、genome editing、tool、application、protein、expression 等是主要的热点研究方向（图 6-5）。

分析基因编辑技术在不同主题中的演变情况，从 2008 年的第一代基因编辑技术 ZFN，逐渐向蛋白、表达、第二代基因编辑技术 TALEN 转变，再到后来的第三代基因编辑技术 crispr/cas9 等方向（图 6-6）。

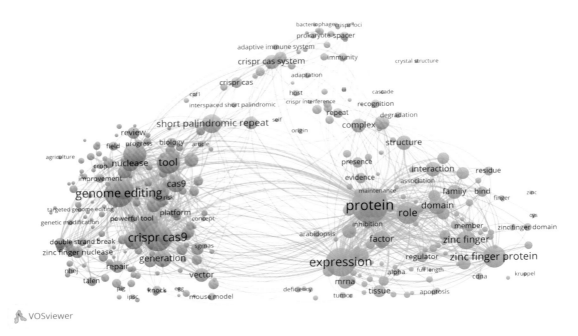

图 6-4　VOSviewer 构建的基因编辑技术高频词共现图谱

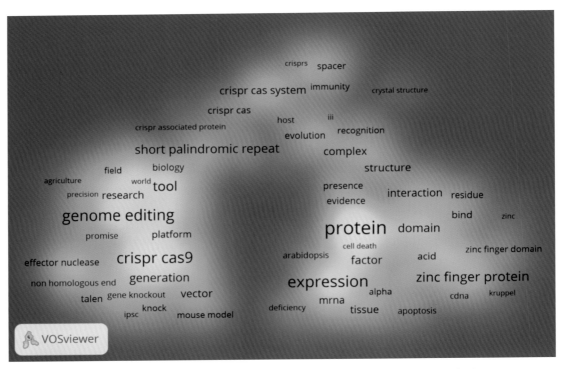

图 6-5　VOSviewer 构建的基因编辑技术基础研究热点主题密度

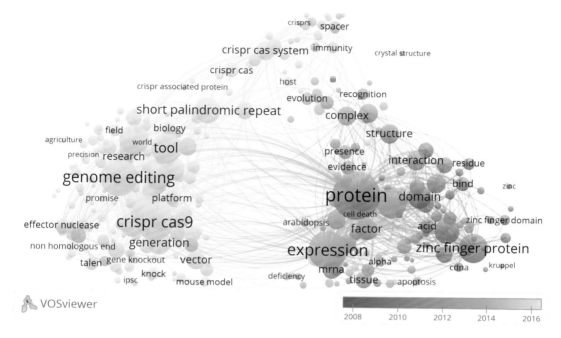

图 6-6　VOSviewer 构建的基因编辑技术基础研究趋势变化

2012 年之前基因编辑技术发展缓慢，相对而言，与 ZFN 基因编辑技术相关的专利较多，其中 2000 年公开的专利量达 236 件。2013 年至今为基因编辑技术的快速发展阶段，在此阶段，CRISPR 基因编辑技术发展最快，2017 年公开的专利量高达 979 件，较 2013 年的专利公开量增长 5.86 倍。

（3）应用研发

通过特定研发主题在主要国家、地区及国际组织的专利市场布局对比分析可知，CRISPR 基因编辑技术主要在中国、美国、加拿大、欧专局、韩国等有布局，ZFN 基因编辑技术主要在美国、中国、加拿大、韩国、日本和欧专局等有布局，TALEN 基因编辑技术主要在中国、美国、加拿大、欧专局、韩国等有布局。

以 IPC 分类号为基础，通过统计各类专利技术分支的出现频次，可以发现基因编辑领域专利的技术方向布局。其中排名居前 5 位的技术方向分别为：C12N-009/22（核糖核酸酶）、C12N-015/113（DNA 重组技术中调节基因表达的非编码核酸）、C12N-015/90（将外来 DNA 稳定地引入染色体中的 DNA 重组技术）、C12N-015/11（DNA 或 RNA 片段）和 C12N-015/10（分离、制备或纯化 DNA 或 RNA 的方法），如表 6-1 所示。

表 6-1　基因编辑专利技术方向布局

排名	技术方向	中文名	专利量 / 件
1	C12N-009/22	核糖核酸酶	1551
2	C12N-015/113	DNA 重组技术中调节基因表达的非编码核酸	1334
3	C12N-015/90	将外来 DNA 稳定地引入染色体中的 DNA 重组技术	1327
4	C12N-015/11	DNA 或 RNA 片段	1296
5	C12N-015/10	分离、制备或纯化 DNA 或 RNA 的方法	1096
6	C12Q-001/68	核酸检查或测定方法	1091
7	C12N-015/63	使用载体引入外来遗传物质的 DNA 重组技术	1048
8	C12N-015/85	专门适用于动物细胞宿主的载体或表达系统	1011
9	C12N-015/09	DNA 重组技术	972
10	C12N-005/10	未分化的动物细胞或组织	970

通过分析基因编辑领域专利研发热点技术主题（图 6-7），可以看出，基因编辑专利主要集中在 PCR 引物、基因编辑技术用于育种、基因编辑技术、疾病治疗、融合蛋白、肺癌治疗、探针等技术主题。

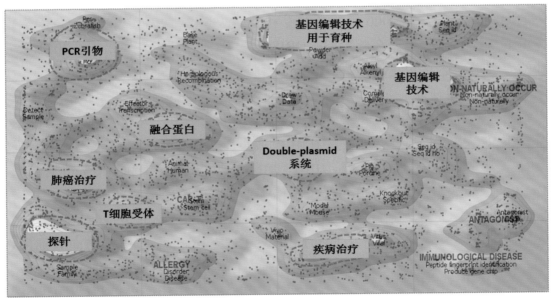

图 6-7　基因编辑领域专利研发热点技术主题

6.1.3　技术路线

基因编辑技术的出现是生命科学发展的又一里程碑，其发展推动了生命科学领域的跨越发展。正如前所述，基因编辑是指对基因组进行定点修饰的一项新技术。利用该技术，可以精确地定位到基因组的某一位点上，在这位点上剪断靶标 DNA 片段并插入新的基因片段。此过程既模拟了基因的自然突变，又修改并编辑了原有的基因组，真正达成了"编辑基因"。与传统的以同源重组和胚胎干细胞（embryonic stem cell，ES）技术为基础的基因打靶技术相比，基因编辑新技术保留了可定点修饰的特点，可应用到更多的物种上，效率更高，构建时间更短，成本更低。目前主要有 3 种基因编辑技术，分别为人工核酸酶介导的锌指核酸酶（zinc-finger nucleases，ZFN）技术、转录激活因子样效应物核酸酶（transcription activator-like effector nucleases，TALEN）技术和 RNA 引导的 CRISPR-Cas 核酸酶技术（CRISPR-Cas RGNs）。

迄今开发的三代位点特异性基因编辑 ZFN、TALEN、CRISPR 技术已被广泛应用于生命科学研究的各个方面，多次入选 *Science* 评选的全球年度十大科技突破、*Nature Methods* 评选的年度科学技术、*MIT Technology Review* 评选的全球年度十大突破性技术等榜单。其中，CRISPR 技术及其相关成果更是"前所未有"的，3 次（2013 年、2015 年、2017 年）入选了 *Science* 评选的全球年度十大科技突破。

特别是 CRISPR 基因编辑技术自 2013 年首次报道 CRISPR/Cas9 系统在哺乳动物基因编辑中的应用以来，以 CRISPR 为代表的基因编辑技术受到了持续的高度关注（图 6-8）。在过去的 5 年里，"魔剪"CRISPR 以其廉价、快捷、便利的优势，迅速席卷全球各地的实验室，为生命科学研究领域带来了暴风骤雨般的改变[①]（图 6-8）。

2019 年 6 月，美国工程生物学研究联盟（EBRC）首次发布了《工程生物学：下一代生物经济的研究路线图》，提出了未来 20 年的发展目标。其中在基因编辑（Gene Editing）、合成（Synthesis）和组装（Assembly）领域，未来将专注于工具的开发和升级，以实现染色体 DNA 的合成和整个基因组的工程化改造。其发展目标为：高保真合成长度为数千个寡聚核苷酸的长链；多片段

---

① 王慧媛，范月蕾，褚鑫，等 . CRISPR 基因编辑技术发展态势分析 [J]. 生命科学，2018，30（9）：113-123.

DNA 组装，并进行实时、高保真序列验证；在多个位点同时进行精准基因组编辑，且无脱靶效应[①]。

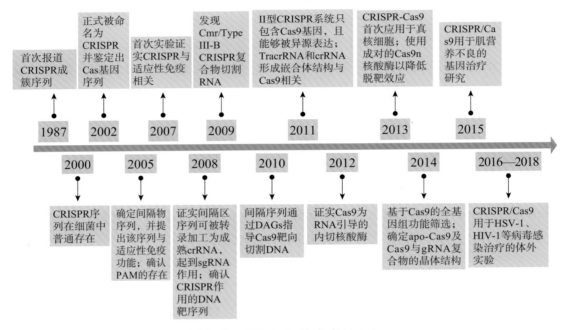

图 6-8　CRISPR 技术发展历程

6.2　微生物组学技术

6.2.1　研究内容

　　微生物与其所处环境构成了复杂的生态系统，是地球上生物多样性的重要组成部分。微生物组（microbiome）是指一个特定环境或生态系统中全部微生物及其遗传信息的集合，其内涵包括了微生物与其环境和宿主的相互作用。微生物组蕴藏着极为丰富的微生物资源，是工农业生产、医药卫生和环境保护等领域的核心资源。微生物组学（microbiomics）是以微生物组为研究对象，探究其内部群体间的相互关系、结构、功能及其与环境或宿主间相互关系的学科。

　　微生物组学的研究内容主要包括以下几个方面[②]。

　　①微生物宏基因组学（metagenomics）。通过提取环境微生物的全部

①　美国 EBRC 发布工程生物学研究路线图 [EB/OL].（2019-11-25）[2020-04-21]. http://www.casisd.cn/zkcg/ydkb/kjqykb/2019/kjqykb201908/201911/t20191125_5442178.html.

②　高贵锋，褚海燕. 微生物组学的技术和方法及其应用 [J]. 植物生态学报，2020, 44(4): 395-408.

DNA，研究其群落组成、遗传信息及其与所处环境的协同进化关系。

②微生物宏转录组学（metatranscriptomics）。研究环境中全部微生物的转录组信息，揭示相关基因在时空尺度上的表达水平，从而对微生物群落的相关功能进行研究。

③微生物宏蛋白质组学（metaproteomics）。定性和定量地分析环境微生物在特定环境条件和特定时间内的全部蛋白质组分。

④微生物宏代谢组学（metabolomics）。对微生物在特定生理时期内所有低分子量代谢物（包括代谢中间产物、激素、信号分子和次生代谢产物等）进行定性和定量分析，并研究其与环境之间的相互作用（表 6-2）。

微生物组学技术的进步主要依赖微生物测序和质谱技术的进步。

表 6-2　微生物组学技术研发趋势

技术点	技术趋势	测序技术及其内容	
微生物宏基因组学	第一代测序技术	Sanger 测序技术	DNA 片段化
			体内或体外的扩增
			循环测序或聚合克隆构建
			电泳检测或循环测序
	第二代测序技术	高通量测序技术	焦磷酸测序
			Solexa 测序
			Solid 测序
	第三代测序技术	荧光单分子测序技术	HeliScope 测序
		纳米孔测序技术	
微生物宏转录组学	早期技术	平板培养法	
		基于 PCR 扩增的变性梯度凝胶电泳技术 (PCR-DGGE)	
		构建克隆文库	
		DNA 测序	
		基因芯片微阵列技术	光导原位合成
			微量点样
	第二代测序方法	高通量测序技术	
微生物宏蛋白质组学	早期技术	分离技术	二维凝胶电泳技术 (2-DE)
		降解测序技术	Edman 降解测序技术

（续表）

技术点	技术趋势	测序技术及其内容	
质谱技术	离子化技术	电喷雾离子化 (ESI)	
		基质辅助激光解析离子化 (MALDI)	
	质量分析和检测技术	离子阱质谱 (Ion Trap，IT)	
		静电轨道阱质谱 (Orbitrap)	
		飞行时间质谱 (TOF)	
		四极杆质谱	
		傅里叶变换离子回旋共振质谱 (FT-ICR)	
	研究策略	Top-down 策略	
		Bottom-up 策略：PMF 技术、PFF 技术	
		Middle-down 策略	
	定量技术	无标记定量 (LFQ)	
		利用同位素标记定量	
		化学标记技术	
微生物宏代谢组学	分析技术	色谱－质谱联用仪法	气相色谱质谱联用（GC-MS）
			液相色谱质谱联用（LC-MS）
		核磁共振波谱法	氢谱
			碳谱
		色谱－核磁－质谱联用法	毛细管电泳－核磁共振联用（CE-NMR）
			高效液相色谱－核磁共振联用（HPLC-NMR）
	数据处理技术	无监督多变量统计学	主成分分析
			聚类分析
		有监督多变量统计学	偏最小二乘法（PLS）
			偏最小二乘判别分析（PLS-DA）
			正交偏最小二乘判别分析（OPLS-DA）

近年来，全球基因测序市场快速增长，测序市场规模增长最快的是亚洲市场，其中中国和印度的市场增长率均超过了20%，是全球增长最快的国家。随着东南亚地区生物医药行业持续的快速发展，未来中国基因测序市场的增长仍将引领全球。

第二代测序技术目前已经成为市场商用主流，第三代测序技术将是未来的发展趋势，但是预计在将来 5 ~ 10 年第二代、第三代测序技术会共存，且第二代测序技术仍将是测序市场商业应用主流。第三代测序和第二代测序相比较，潜在优势明显，但是其不足也限制了其的商业应用，第三代测序技术优缺点如图 6-9 所示。目前国际上第三代测序主要公司有 Oxford Nanopore 和 Pacific Bioscience，主流的应用技术为纳米孔和 SMRT，第三代测序目前最大的问题是错误率高，达到 15% ~ 40%。这也是限制第三代测序最关键的原因。目前，由于高技术门槛,使用NGS技术开发的测序设备市场被国外几个龙头企业所垄断，illumina 作为全球最大的基因测序设备制造商，占全球 70% 以上的市场份额。全球测序仪主要分布在中国的深圳（主要是华大）、南欧、西欧和美国。

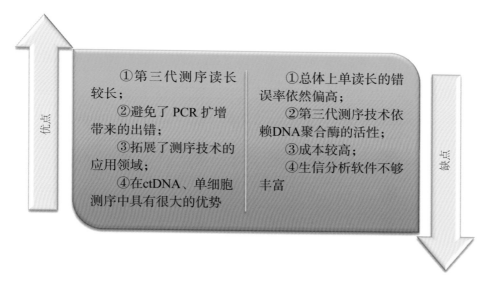

图 6-9　第三代测序技术的优缺点

6.2.2　技术研发趋势

通过检索科学引文索引（SCI-E）及德温特创新索引（DII）中关于微生物组技术的论文和专利，并对其主题词进行分析。

发表微生物组研究论文最多的期刊包括 *Frontiers in Microbiology*、*Gastroenterology*、PLoS One、*Microbiome*、*Scientific Reports*、*mSystems*、*American Journal of Respiratory and Critical Care Medicine*、*Faseb Journal*、*Nutrients*、*Gut Microbes* 等。

自 2006 年以来，微生物组基础研究一直在快速增长，主要研究国家包括美国、中国、英国、德国、澳大利亚、加拿大、意大利、荷兰、西班牙、法国等，如图 6-10 所示。核心研究机构包括加州大学圣地亚哥分校、密歇根大学、贝勒医学院、科罗拉多大学、伊利诺伊大学、中国科学院、明尼苏达大学、宾夕法尼亚大学、纽约大学、加州大学旧金山分校等。中国只有中国科学院进入前二十（居第 6 位），美国的基础研究论文量一直遥遥领先（图 6-11）。

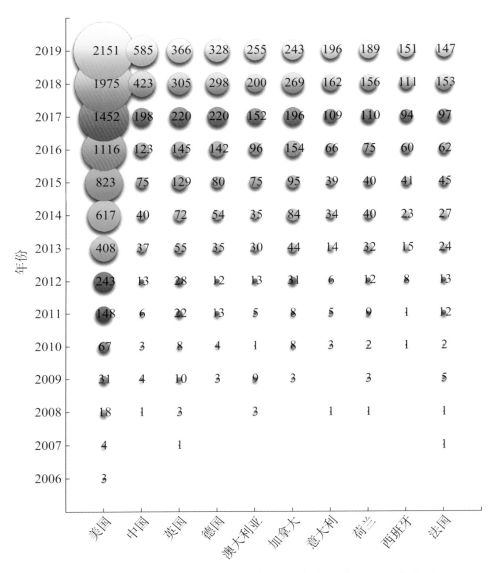

图 6-10　2006—2019 年微生物组基础研究论文发表国家分布情况

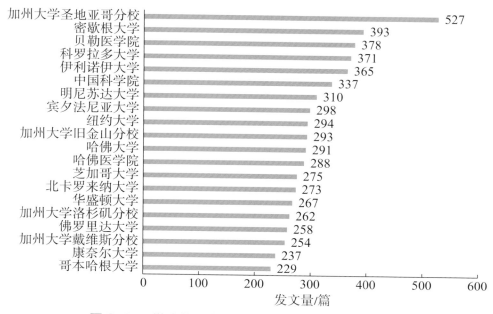

图 6-11　微生物组基础研究论文发表机构分布情况

微生物组学的基础研究论文量呈不断上升趋势,其中最主要的研究方向为:宏基因组学、宏代谢组学、宏转录组学和宏蛋白质组学。2002—2019 年发表的微生物组学相关文章数量变化情况如图 6-12 所示,可以看出,近年来各个研究方向都有增长,但是宏基因组学、宏代谢组学的研究数量远高于宏转录组学和宏蛋白质组学。

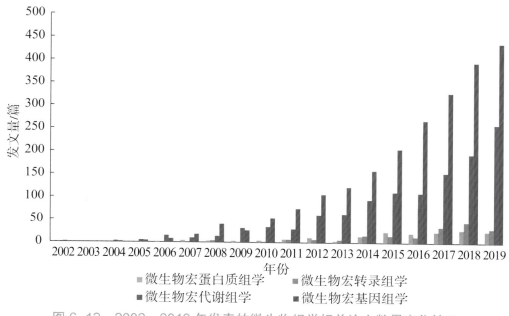

图 6-12　2002—2019 年发表的微生物组学相关论文数量变化情况

2007—2019 年与微生物组相关的发明专利共 877 条，自 2013 年起出现快速上升趋势，如图 6-13 所示。

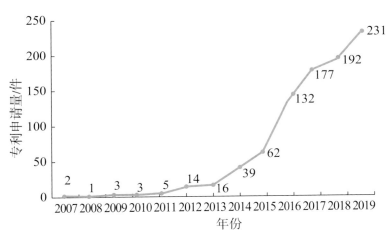

图 6-13　2007—2019 年微生物组相关发明专利的申请情况

微生物组主要专利权人如表 6-3 所示，其中 uBiome（美国肠道健康初创企业）的发明专利数量最多，占总量的 15.05%。uBiome 是 2012 年 Y Combinator 的孵化项目，为世界领先的微生物基因组学研究公司，利用 DNA 测序来识别人体内的微生物。加州大学在微生物组领域的基础研究很强，但是专利申请数量较少，说明该技术目前处于基础研究阶段，产业化进程缓慢，个别公司的专利布局较为领先，有望带动整个行业的发展。

表 6-3　微生物组技术主要专利权人

序号	专利权人	中文名	专利量/件	占比
1	uBiome Inc	美国肠道健康初创企业	101	15.05%
2	Psomagen Inc	美国普索马根公司	28	4.17%
3	University of California	加州大学	21	3.13%
4	AOBiome Inc	美国 AOBiome 公司	14	2.09%
5	U-BioMed Inc	韩国 U-BioMed 公司	12	1.79%
6	DSM IP Assets B.V. Company	荷兰帝斯曼 IP 资产公司	11	1.64%
7	Yeda Research & Development Inc	耶达研究及发展有限公司	9	1.34%
8	Synthetic Biologics Inc	合成生物学公司	8	1.19%
9	Harvard College	哈佛大学	7	1.04%
10	MARS INC	玛氏公司	7	1.04%

根据 IPC 分布可以看出微生物组专利技术主要方向分布在核酸检验方法、医用益生菌、细菌检验方法、生物物质（如血、尿等）测量、益生菌、计算化学等方面，其他领域的微生物产品较少（表 6-4）。

表 6-4　微生物组专利技术主要方向分布

序号	IPC 分类	中文名	记录量 / 条
1	C12Q-001/68	核酸检验方法	145
2	A61K-035/74	医用益生菌	125
3	C12Q-001/689	细菌检验方法	103
4	G01N-033/48	生物物质（如血、尿等）测量	95
5	A61K-035/741	益生菌	94
6	G06F-019/00	计算化学	91
7	A61K-009/00	微生物药品	90
8	G16H-050/20	医疗诊断	84
9	G06F-019/28	生物信息学	82
10	G06G-007/58	微生物组检验设备	80

6.2.3　技术路线

微生物组学研究大致可分为以下 3 个阶段。

第一阶段是 20 世纪 70 年代以前，主要采用传统的微生物分离培养技术获得菌株，并进行一系列烦冗的生理生化分析，但由于培养技术的限制，超过 99% 的原核微生物无法在实验室培养得到，导致微生物结构和功能多样性的研究一直发展缓慢。人们对于微生物的认识基本停留在形态观察、描述、分类及生理学阶段。

第二阶段是从 20 世纪 80 年代开始，Biolog 技术、磷脂脂肪酸法、DNA 指纹图谱、基因芯片等分子生物学技术的兴起实现了不依赖于微生物培养，便直接对环境微生物群落进行分析，开创了微生物分子生态学研究的新时代。值得注意的是，在 DNA 指纹图谱等技术的发展过程中，还出现了第一代测序技术，即 Sanger 法。16S/18S rRNA 基因存在于所有微生物的基因组中，是微生物分类鉴定最常用的标记分子。Sanger 法测序技术的兴起，使得 16S rRNA 基因测序在细菌分类学中被广泛应用，由此发现了大量新的微生物门类，增加了微生物的多样性。

　　1998 年，美国威斯康星大学的 Handelsman 等首次提出宏基因组的概念，其研究对象为特定环境中的总 DNA。宏转录组则兴起于宏基因组之后，它以特定环境中的全部 RNA 为研究对象，探究全部基因组的转录水平，Leininger 等首次使用罗氏 454 焦磷酸测序技术对复杂微生物群落进行宏转录组研究。宏基因组学的方法不仅解决了微生物分离培养的难题，而且可以全面分析微生物群落的多样性和丰度，研究微生物之间、微生物和环境或宿主之间的关系。

　　第三阶段从 2006 年开始，高通量测序（第二代测序技术）和质谱技术的革命性突破及生物信息学的快速发展极大地推动了微生物组的研究。以其超长的测序读长、无 GC 碱基偏好性和速度快等优势，在以 16S/18S rRNA 基因或全基因组为目标序列的微生物组学研究中取得了一系列进展，因此，微生物的组成和群落结构、代谢特征、系统进化、微生物与环境的相互作用等议题都得到了更深层次的研究。

　　近年来又出现了第三代测序技术，其代表主要有 Pacific Biosciences 公司的 SMRT 技术和 Oxford Nanopore 公司的 Nanopore 技术。第三代测序技术的主要特点是单分子实时测序、长度长，但错误率偏高。由于第三代测序错误率较高，目前第三代测序技术在微生物组的研究中往往需要与第二代测序技术的数据结合使用，即利用第二代测序数据对第三代测序数据进行校正，也就意味着在实验中至少要制备 2 个不同的文库，造成了一定的人力和物力成本的增加。随着第三代技术的不断改进和新组装方法的出现，测序的准确性和通量也在逐步上升。相信在不久的将来，基于第三代测序技术的微生物组学研究能够从获得高质量的基因组装结果，逐渐转向对物种生物学特征和进化历程的深入研究，研究策略也由单一组学测序逐渐延伸为基因组、转录组、代谢组和表观遗传组的多组学分析（图 6-14）。

　　为全面了解微生物组技术的现状，帮助制定该领域的长期目标，并推动其发展，2020 年 10 月，美国工程生物学研究联盟（EBRC）发布《微生物组工程：下一代生物经济研究路线图》（Microbiome Engineering: A Research Roadmap for the Next-Generation Bioeconomy）[①]。该路线图聚焦微生物组与合成 / 工程生物学交叉融合后的技术研发与应用，将该领域分为 3 个技术主题：时空控制（Spatiotemporal Control）、功能生物多样性（Functional Biodiversity）和分布式代谢（Distributed Metabolism）。同时阐明了 3 个技术领域未来 20 年的发展

---

① EBRC. Microbiome Engineering: A Research Roadmap for the Next-Generation Bioeconomy[Z].2020.

目标。该路线图发现了几个广泛适用的技术挑战，这些挑战可以通过变革性工具和技术的进步得到解决或改善，也将成为推进微生物组工程最关键的研究领域，尤其是在完善微生物模型、细胞信号和通信，以及预测微生物群设计、生长和功能的计算模型等方面。

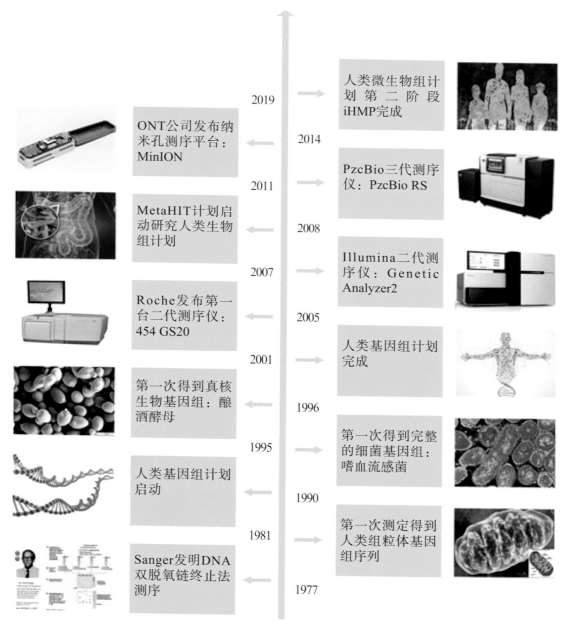

图 6-14　微生物组学技术发展历程

（1）时空控制

目标 1：微生物组空间特征的工程化

突破能力一：开发用于改造微生物组空间特性的工具			
2022	2025	2030	2040
生成在纯培养中确定基本生理参数（如生长速率、死亡率、动力学特征、代谢能力）的标准化方法，并与原位微生物组的测量相关联（如基因组比率的复制率）	创建原位微生物组的大型 3D 图像数据库（如以地球物理化学和生物学特性为征的沉积柱高分辨率剖面、组织有机物和体内微生组），帮助预测新型微生物组的特征	能够减少或预防微生物组中基因水平转移的工程学工具，防止其重新获得提高空间传播性的基因	利用工程化改造，能够在自然环境中迅速和稳健地降低微生物组的基因组大小的技术，从而限制其传播性
在宿主中追踪等位基因水平的遗传变化和可移动元件的转移（如质粒、噬菌体），测量微生物组的数量、动力学、基因组进化和遗传变换	设计识别基因位点或网络的计算工具，这些基因位点或网络可以在不影响生物体生长或生存能力的情况下被移除	设计能够限制微生物组生长的机制，这些能够与其营养限制正交	
通过移除在多种环境中持续存在的关键基因来限制环境生态位（如消除生物膜形成或炭利用功能）			
突破能力二：设计能够根据环境改变规模的微生物组			
2022	2025	2030	2040
在米级水平以 xy 形式改造结构化微生物群落，以应对合成信号（如工程化代谢、噬菌体）	工程化微生物组，可以在指定区域生长（xy 空间），或可以在空间中形成特定图案或分布	对微生物组进行工程化改造，使其根据特定环境线索确定生长和模式（如表面结构变化、化学或营养环境）	对微生物组进行工程化改造，根据特定的环境线索确定生长和模式（如表面结构变化、化学或营养环境）
突破能力三：工程化改造空间自组装群落（例如，组织是模板化的，而不是环境塑造的）			
2022	2025	2030	2040
工程化微生物组，能够用于在 2D 表面进行重复生长模式	在可控环境中设计 3D 结构的微生物组	工程化微生物组，能够在复杂环境中自我定位（如土壤、人体肠道），能够在难以接近的位置定植	利用固有的图灵模式设计微生物群落，使它们形成所需的结构
	工程化微生物组，生长到特定规模后停止生长		设计微生物群落来创造复杂的三维结构，并定义出相互作用和共同工作的区域

突破能力四：设计能够改变细胞外环境的微生物组			
2022	2025	2030	2040
设计生物膜或其他能够将微生物群落固定在特定空间的结构	能够向天然生物膜拓展的、不同类型的结构化环境 建立可控制的生物膜，形成程序性、非均匀的结构	创建具有自动化结构功能的生物膜	

目标 2：控制工程化微生物组的空间动态

突破能力一：确定微生物组随着时间变化的物理动力学			
2022	2025	2030	2040
通过不同环境测量营养和流向（如土壤、土壤到植物体内）及高通量群落（如病毒、细菌、真菌）	创建高通量、多路径及自动化系统来量可控环境中的微生物组的生理参数	衡量环境分布及不同环境中微生物、噬菌体和化学物质的漂移，从而帮助预测生态模型	在复杂天然环境中迅速、高通量化生成生理参数的方法

突破能力二：设计随着时间来控制微生物组生长或传播的机制			
2022	2025	2030	2040
工程化微生物组，将程序性自我毁灭与细胞振荡器整合起来，因此，死亡是基于时间而不是基于细胞密度	在单一时间点使用原位测量方式来预测微生物组的未来限制因素（如空间、营养特定微量金属、必需氨基酸） 工程化细胞－细胞通路，在达到特定细胞分裂数后能够杀死技术菌株及微生物组附近的物种	工程化微生物组，含有在达到功能性终点后够引发自我毁灭机制的"通用闹铃"	设计微生物组，能够在多重时间尺度上实现种复杂功能（如可以蛰伏几个月，在秒或分钟时间尺度上发挥功能）

突破能力三：设计在进化的短期内能够保持功能的微生物组（如数月或数年）			
2022	2025	2030	2040
对微生物组工程的适应性影响进行建模，确定其对逃避频率和竞争优势的影响	设计和建立与传统遗传相比，对突变或损失有更高稳健性的遗传组分 当应用微生物组（包括长期持续性培养）的多重压力抵消时制定进化图，并设计能够预防所需功能进化的弹性有机体或组合控制 建立可控制的生物膜，形成程序性、非均匀结构	设计能够移除或失去其工程化功能的微生物组	设计能够在环境中影响未来连续动态学的生物体（如生态位构建、生态位抢占及优先效应），使得微生物对周围环境的影响超过其时间范围

（2）功能生物多样性

目标1：在共位群水平确定并调控微生物组的功能组成（如自上而下的工程）

突破能力一：描述任何微生物组的功能性共位群组成			
2022	2025	2030	2040
根据宏基因组数和活动地图（如宏转录组数据、稳定同位素探针、代谢组学）确认一致的功能亚单位	在引入或清除新成员之前，迅速进行现有共位群的表征（即确认共位群中的微生物组成员及其相互作用，表征其他微生物可能与现有成员之间的相互作用）	制定功能性共位群代谢路线图，以及生长、定植和合成代谢的依赖性	在天然微生物群落中，以原位及高空间分辨率来迅速表征所有物种及其相互作用
		表征功能性共位群组成及其功能的非结构性技术（即避免不必要的组学，发现降低时间、空间及细胞活动的方式）	

突破能力二：移除或修改功能性共位群，从而消除其在微生物群中的作用			
2022	2025	2030	2040
靶向或杀伤在可控自然环境中的单一微生物物种	通过改变或消除可控微生物群中的基因或代谢组来消除其功能（例如，抑制氨基酸合成以获得营养缺陷型）	通过遗传性移除功能或杀伤具有功能的机体，从一种天然微生物群中除去整个功能共位群	创建迅速和稳健的计算方法以合理设计cocktails（如噬菌体、噬菌尾巴状的细菌素、抑制剂、CRISPR），从而消除所需的功能性

突破能力三：向微生物群落中添加功能性共位群，从而引入新型功能或修饰现有功能			
2022	2025	2030	2040
设计能向受控的微生物组引入新功能的共位群	设计在受控微生物组中能改变现有功能的共位群	充分编辑一种天然微生物组，为引入的新共位群创造生态位	在天然微生物群中原位调控任何"天然"物种，并超越培养模式有机体或模式系统

突破能力四：在微生物群中随意操作特定微生物群或共位群			
2022	2025	2030	2040
扩大现有DNA载体的宿主范围，在不同环境条件下精确定义宿主的宽度和效率	进一步行载体的功能化，从而实现其他生物分子的运输，如RNA或蛋白质	结合功能，对微生物群落进行更复杂的改造，或建立能够传送新型细菌并知晓宿主范围的路径	使用计算模型引导的多个模式（如核酸调控、蛋白质工程及新微生物种的引入），以在特定应用中对天然和结构化群落进行合理修饰
	实现微生物群落的体内遗传调控		
	在微生物群中添加DNA调控DNA的定位		

目标 2：根据组成的有机体或物种（如自下而上的工程）来设计用于任何功能或环境的微生物组

突破能力一：通过添加或修饰独立的微生物物种来设计并工程化改造功能性微生物组			
2022	2025	2030	2040
创建 2～5 个表征物种的合成微生物组（具有不同的功能性共位群），在天然群落中模拟功能	由 2～5 个表征物种（具有不同的功能性共位群）构成的合微生物群中，调控群落功能性动态	构建有部分冗余的共位群成员组的群落，能够针对环境或群落变化发挥作用	

突破能力二：预测并工程化微生物组中不同物种之间的相互作用			
2022	2025	2030	2040
从生物学角度确认在任何环境中，何种代谢物适用何种微生物群的方法（如可以用怎样的微生物进行生长）	根据宏基因组数，确认具有相关或一致功能的个体微生物物种	根据宏基因组数，确认具有相关或一致功能的个体微生物物种	建立预测性模型和实验框架，工程化改造具有特定物种组成和相互作用的微生物组

突破能力三：预测并工程化改造微生物组和环境之间的相互作用（如温度、氧含量和 pH、小分子或药品、饮食成分）			
2022	2025	2030	2040
对非模式微生物种进行工程化改造从而激活遗传应对单一环境扰动	建立和确认试验框架，从而改造负责应对所需环境扰动的微生物组	设计用于应对多种环境干扰的微生物组	通过所需功能的环境扰动因素，在微生物组中"常规"预测并调控微生物

突破能力四：为自下而上的微生物组工程建立设计—构建—测试—学习循环，从培养标准到遗传工具受控和天然微生物组的"部署"			
2022	2025	2030	2040
为微生物组的维持和繁衍制定标准方案 计算预测微生物个体在群系中的行为并确定最少的营养需求 设计无标记的筛选方式，实现工程化菌株在群落中的稳定性	设计无标记的筛选方式，实现工程化菌株在群落中的稳定性	在对样本认知有限的情况下，设计实现微生物组完全自动化表征的方法（如在培养物中的生长、代谢）	在通过测序进行初步鉴定后，迅速开发能够控制有机体的工具（如识别培养条件、遗传操控、空间定位），包括非培养的有机体

目标3：工程化改造对进化和环境压力具有稳健性的微生物组

突破能力：工程化改造对进和环境压力有抗性的微生物组（如环境变化、分散力、营养剥夺）			
2022	2025	2030	2040
工程化改造高通量系统，并随时间测量共位群的共同进化	由2~5个表征物种组成的（有多种功能共位群）合成微生物组控制群落的功能性动态	工程化改造微生物组从而杀死能够从共位群中分散出去的细胞	工程化改造包含多种功能的共位群，并能在自然环境中维持其功能的微生物组
在特定环境中使用模式微生物组，检验已充分研究的生态压力应对（如温度变化、湿梯度、紫外线暴露）	工程化改造能够应对环境压力以维持功能的共位群（如环境中应对pH改变的缓冲液）	工程化改造能够通过生产生物膜或其他材料来帮助微生物抵抗分散力的物种	工程化改造能够以环境条件或营养可用性来引导进化的共位群，在进化后仍可延续最优功能

（3）分布式代谢

目标1：使用多物种微生物组来生产天然或非天然化合物

突破能力一：使用多物种微生物组来生产天然或非天然化合物			
2022	2025	2030	2040
对微生物组中实现化合物中间体运动的转因子、传感器和/或细胞外酶进行识别和工程化	对物种进行工程化改造，将通用的生物中间体或电子携带者（如醋酸盐、甲酸盐、丁酸盐、乙醇）转移到更高价值的前体分子中，并进一步转化 使用多种微生物来生产额外的化合物以催化反应（如新增的多功能组）	工程化改造在多种有机体中分布的多步骤合成通路，从而降低毒性中间体的积累	不同催化环境中的群落的空间性分布，从而促进更高效及特异性的生物合成

突破能力二：使用支持基础生产菌株的群落来进行化合物生成			
2022	2025	2030	2040
工程化改造微生物组以移除抑制性化合物（如含氢或硫的化合物），从而在基础菌株中刺激催化	工程化改造微生物组，在当地环境中维持稳态，确保当地环境中基础生产菌株在原位的最高效率	使用现有的微生物来产生具有附加价值的化合物（如将植物生物量转化为乙醇、酸和氢气的厌氧真菌，将氢气作为电子来源，生产更有价值的物质，如甲烷）	设计使用多种碳源的有机体群落，可将其能力转移给一种或多种生产者进行生物合成的通用载体（如微生物种、细胞外蛋白小分子）

突破能力三：迅速设计能够作为现有天然微生物群落的补充来发挥作用工程化微生物组			
2022	2025	2030	2040
开发适用于多种环境生态位的样品和分析方法	识别基于已存在自然群落中的宏基因组、转录组和代谢的"可用"环境生态位	设计能够在特定环境中侵入天然群落并生产特异性代谢产物的微生组	生产具有支持所需环境生态位特定功能的微物分子工具（如提供化合物抗性、产生特异性产品或副产品）

目标 2：工程化改造能将难以控制的材料转为有用产品的微生物组

突破能力：设计用于捕获或降解难以控制材料的代谢群落			
2022	2025	2030	2040
开发识别特定反馈组成的互作微生物的工具	对于已知的化合物，设计能进行降解并试验性证实化合物部分降解的微生物组	开发可以合理设计微生物组，使其能够高效生物降解非天然组分	工程化改造动态群落的稳定性

6.3　微生物传感器技术

6.3.1　研究内容

生物传感技术是生物学、化学、物理学和信息学等多学科集成的分析技术，被认为是涉及内容广泛、多学科介入和交叉并且充满创新活力的领域。生物传感器起源于 20 世纪中期，1962 年 Clark 和 Lyons 首次把嫁接酶法和离子敏感氧电极技术结合，研制了测定葡萄糖含量的酶电极，开创了生物传感器研究的先河[1]。

微生物或生物体太小而无法用肉眼可靠识别，包括病毒、细菌、原生动物、蓝藻细菌、真菌、微生物区系和微动物区系，如藻类和节肢动物的某些物种或生命周期阶段。

传感器是一种信号转换装置，它根据所部署的环境中的状态变化向报告器发送信号[2]。自 1975 年 Divies[3]制成了第一支微生物传感器以来，已经开发了

[1]　史建国，李一苇，张先恩. 我国生物传感器研究现状及发展方向 [J]. 山东科学，2015，8（1）：28-35.

[2]　LINDQUIST A. Microbial biosensors for recreational and source waters[J]. Journal of microbiological methods, 2020(177): 106059.

[3]　DIVIES C. Remarks on ethanol oxidation by an "Acetobacter Xylinum" microbial electrode[J]. Ann Microbial, 1975,126(2):175-186.

许多类型的可作为分析工具的微生物传感器。例如，一个微生物群落或单一种类的微生物被用来估计工业废水中的有机污染情况。转基因微生物以光细菌作为光指示剂，嗜热细菌作为稳定的生物传感元件，开发了微生物传感器。1977年，Karube 等[①] 研究了第一个生化需氧量（BOD）微生物传感器；Karube 等[②] 还开发了第一个微生物燃料电池型 BOD 传感器，该传感器可以用于分析屠宰场、食品厂和酒精厂废水中的 BOD，测定的结果与 BOD_5 的相对误差不超过10%。Sakaguchi T 等[③] 还制成了 BOD 荧光传感器，样品中有机物含量不同时，微生物的发光强度不同，其检测范围为（3～200）$\times 10^{-6}$。

1979 年 Malsunaga T[④] 首次使用燃料电池型电极系统对培养液中细菌进行了快速测定。他使用双电极系统，每一电极均由铂阳极和 Ag_2O_3 阴极复合而成。在参比电极阳极表面覆有纤维素透析模，用于扣除基体电流对测定的干扰。Hiktana 等于 1979 年用固定化毛孢子菌制成的醇电极实现了对发酵罐中醇的测定，之后又于 1980 年利用固定化大肠杆菌制成的谷氨酸电极对发酵罐中谷氨酸的含量进行了测定，得到了令人满意的结果。离子场效应管作为换能器被认为是发展新型微生物传感器的有效手段。1980 年 Caras 等[⑤] 发表了一篇关于青霉素场效应管生物传感器的文章后，近年来，光纤微生物传感器发展迅速，其因检测不受外界电磁场的干扰成为原位检测的方法之一。

在生物工程领域，微生物传感器已用酶活性的测定。微生物传感器还能用于测定微生物的呼吸活性，在微生物的简单鉴定、生物降解物的确定、微生物保存方法的选择等方面都有应用。1984 年 matsunaga T[⑥] 开创了平面热解石墨电极为工作电极的循环伏安法检测微生物细胞，实验菌种为酵母菌，此后，他又用该三电极体系与方法识别了几种微生物细胞，首次提出可利用生物传感器

① KARUBE I, MITSUDA S, MATSUNAGA T, et al. A rapid method for estimation of BOD by using immobilized microbial cells [J] J Ferment Technol, 1977 (55):243.

② KARUBE I, MATSUNAGA T, MITSUDA S, et al. Microbial electrode BOD sensors [J] Biotechnol. Bioeng,1977,19(10): 1535–1547.

③ SAKAGUCHI T，KITAGAWA K，TOMOTSUGU A，et al. A rapid BOD sensing system using luminescent recombinants of escherichia coli[J]. Biosensors and bioelectronics，2003(19）: 115–121.

④ MATSUNAGA T. Electrode system for the determination of microbial populations [J] Appl Environ Microbial, 1979(37): 117–121.

⑤ 铃木周一. 生物传感器 [M]. 霍纪文，姜远海，译. 北京：科学出版社,1988.

⑥ MATSUNAGA T, NAMBA Y. Detection of microbial cells by cyclic voltammetry[J]. Analytical chemistry, 1984, (56): 798–809.

进行细胞种类的识别。1982 年，Nylander 等[1]首次将表面等离子体波共振效应
应用于气体检测。在临床检验中，Vincke 等于 1983 年利用变形杆菌制成了尿素
传感器；同年，Kabo 等制成了用于测定血中肌酸肝含量的微生物传感器[2]。

早在 1995 年，Kobatake 等[3]便研制出检测石油中芳香化合物的基因工程
微生物传感器——BETX 传感器，由携带编码降解 BTEX 及其衍生物酶的质粒
和细菌荧光素酶报告基因的重组大肠杆菌构成。将溶解在乙醇中的芳香族化合
物与含有基因工程微生物传感器的培养基混合孵育，在芳香化合物的存在下，
添加荧光素酶底物后，可以在光度计中测量光输出量，从而定量芳香化合物。
Thompson 等[4]研制出一种基于基因工程化核糖开关的微生物传感器，用于检测
常用的平喘药之一茶碱。

2010 年，张金娜等[5]为缩短生物需氧量检测时间，研究了一种基于空心
阴极微生物燃料技术快速测定生活污水中 BOD 的方法；2014 年，Yagur-Kroll
等[6]报道了一种用于检测芳基炸药的基因工程大肠杆菌传感器。

微生物传感器由传感器和作为传感元件的微生物组成。微生物传感器的特
性与酶传感器或免疫传感器完全不同，酶传感器或免疫传感器对感兴趣的底物
具有高度特异性，尽管微生物传感器的特异性已通过用作传感元件的微生物的
遗传修饰而得到改善。微生物传感器具有优良的稳定性、灵敏性和较长的使用
寿命，但同时也存在响应时间长等不足。

6.3.1.1　生物传感的基本原理

生物传感器以生物活性材料（如酶、抗体、核酸、细胞等）作为敏感元件，
其基本原理如图 6-15 所示。

[1] LIEDBERG B, NYLANDER C, LUNDSTROM L. Surface plasonance for gas detection and biosensing[J]. Sensors and actuators B: chemical, 1983 (4): 299–303.
[2] 马莉，崔建升，王晓辉，等 . 微生物传感器研究进展 [J]. 河北工业科技 , 2004, 21(6):50.
[3] KOBATAKE E, NIIMI T, HARUYAMA T, et al. Biosensing of benzene derivatives in the environment by luminescent escherichia coli [J]. Biosensors & bioelectronics, 1995, 10(6-7): 601–605.
[4] THOMPSON K M, SYRETT H A, KNUDSEN S M, et al. Group I aptazymes as genetic regulatory switches [J]. BMC biotechnology, 2002, 2(1): 21–21.
[5] 张金娜，赵庆良，袁一星，等 . 微生物燃料电池测定生活污水 BOD 方法 [J]. 哈尔滨工业大学学报 , 2010, 42(11):1788–1793.
[6] YAGUR-KROLL S, LALUSH C, ROSEN R, et al. Escherichia coli bioreporters for the detection of 2,–dinitrotoluene and 2,4,6-trinitrotoluene[J]. Applied microbiology & biotechnology, 2014, 98(2):885–895.

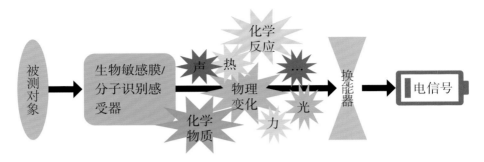

图 6-15　生物传感器的基本原理

生物传感器由生物识别元件和换能器两个部分组成。待测样品中被分析物经扩散进入固定化生物功能膜层，通过固定化生物功能分子对待测分子的识别作用发生生物或化学反应，引起某些物理量或化学量的变化，这些信息的变化经物理、化学及其他换能器转变成可定量和可处理的信号，并经信号放大器放大后输出，从而得出待测物的分析量。

生物识别元件或称生物敏感膜或生物功能膜，是生物传感器的核心器件，其分子识别能力决定生物传感器的选择性和灵敏度，直接影响传感器的性能和质量。生物膜中固定的生物活性材料可以是酶、核酸、抗原和抗体、细胞及生物组织或它们的组合，随着相关技术的发展还引入了高分子聚合物模拟酶及人工合成的受体等，使生物识别元件的概念进一步延伸。

换能器的作用则是将生物或化学反应过程中产生的各种信息转变成可方便测量的信号，反应信息是多元化的，包括各种生物、化学和物理信息，现代电子学、微电子学及传感技术的成果为检测这些信息提供了丰富的手段。

6.3.1.2　微生物传感器的分类

（1）根据微生物传感器的工作原理分类

从微生物传感器的工作原理上对其进行分类，可以分为发光微生物传感器、呼吸机能型微生物传感器、代谢机能型微生物传感器和基因工程微生物传感器[①]。

---

① 张静，吕雪飞，邓玉林 . 基因工程微生物传感器及其应用研究进展 [J]. 生命科学仪器，2019(17):11-16.

1）发光微生物传感器

发光微生物传感器的检测原理主要是利用被测物质的毒性对细胞呼吸或细菌荧光素酶的影响。常利用发光微生物的发光强度作为检测指标对毒性物质进行检测。常用的发光微生物有发光细菌弧菌和明亮发光杆菌。

2）呼吸机能型微生物传感器

呼吸机能型微生物传感器以需氧型微生物作为生物活性物质，它在与有机底物作用的同时，细胞的呼吸活性提高，耗氧量增大，通过电极测定随呼吸活性变化而转变的扩散电流值从而间接测定有机物浓度。生物亲和型传感器主要是根据待测物同在识别元件中的微生物具有较好的亲和效果，即二者之间能够发生同化作用，从而使传感器中微生物在形态上发生一定的变化。

3）代谢机能型传感器

代谢机能型微生物传感器是以厌氧微生物作为敏感材料，把生物敏感膜与离子选择性电极（或者燃料电池型电极）相结合而构成的一种生物传感器。因为待测物与生物识别元件中的微生物产生化学反应，形成新的物质，同时微生物或是新产物的转变通过传感器以信号的形式进行传送。

4）基因工程微生物传感器

基因工程微生物传感器是利用基因工程的手段，对敏感元件微生物进行基因改造，从而使得微生物对环境中的某些特殊毒性物质或物理胁迫反应产生可以测量的信号，且与物质浓度成正比，可以用来检测和量化空气、土壤或水中的特定化学物质。

（2）根据识别元件的物质分类

根据识别元件的物质不同分类，放置在微生物传感器中的敏感物质有活性酶、细胞器、各类抗原与抗体等。根据这些物质可将传感器分为酶传感器、微生物传感器、组织传感器、细胞传感器、DNA 传感器、免疫传感器等几种类型的传感器。

1）酶传感器

酶传感器是生物传感器的一种，是利用生化反应所产生的或消耗的物质的量，通过电化学装置转换成电信号，进而选择性地测定出某种成分的器件。酶传感器常应用于检测血糖含量、检测氨基酸含量、测定血脂、测定青霉素和浓度、测定尿素、测定血液中的酶含量等。

目前酶传感器中应用的新技术是纳米技术。使用固定化酶时引入纳米颗粒能够增加酶的催化活性，提高电极的响应电流值。第一，纳米颗粒增强酶在载体表面上的固定作用；第二，定向作用，分子在定向之后，其功能会有所改善；第三，由于金、铂纳米颗粒具有良好的导电性和宏观隧道效应，可以作为固定化酶之间、固定化酶与电极之间有效的电子媒介体，从而使得氧化还原中心与铂电极间通过金属颗粒进行电子转移成为可能，酶与电极间可以近似看作是一种导线来联系的，从而有效地提高传感器的电流响应灵敏度。

2）微生物传感器

微生物传感器由分子识别元件（微生物敏感膜）和信号转换器组成。在不损坏微生物机能的前提下，应用固定化技术将微生物固定到载体上，从而制得微生物敏感膜，通常情况下采用的载体是多孔醋酸纤维膜和胶原膜。信号转换器可采用电化学电极、场效应晶体管等。

3）组织传感器

组织传感器是利用动植物组织中的酶、特异性的催化底物，产生生物活性物质，引起基础电极的响应。第一支组织电极是用动物组织牛肝在美国的Rchnitz实验室于1978年面世的，1981年开创了植物组织电极的研制。其工作原理类似于酶传感器，是酶传感器的衍生性电极。

组织传感器的优点：①组织电极中酶活性比酶电极所用的离析酶的活性高；②酶的稳定性增强，因为组织中的酶除了处于最适宜的环境，同时又相当于被固定化了；③组织电极用的生物材料，如动物的肝、肾、肠、肌肉，植物的叶、茎、花、果等易于获得，可代替昂贵的酶试剂；④不清楚是什么酶的催化反应，或对生物催化途径不清楚的反应系统，无法用酶电极，只有用组织电极。

4）细胞传感器

细胞传感器是由固定或未固定的活细胞与电极或其他信号转换元件组合而成。它的检测原理如下：微生物在呼吸代谢过程中可生产电子，这些电子可直接在阳极上放电，也可通过电子传递媒介间接在电极上放电，产生可被测量的电信号，从而实现检测微生物的目的。

细胞传感器主要用于微生物活细胞的计数（菌数传感器）和细胞种类的识别（细胞识别传感器）。有些还可用于动物和人类细胞的检测。

5）DNA传感器

DNA传感器以DNA为敏感元件，通过换能器将DNA与DNA、DNA与RNA、DNA与其他有机、无机离子之间的作用的生物学信号转变为可检测的光、电、声波等物理信号。近年来，DNA 传感器在基因诊断、环境监控、药物研究等领域的应用研究受到广泛重视。

微生物对特定有机物的降解功能取决于其 DNA 分子中具有的相应功能基因，如多环芳烃降解基因、氨单加氧酶基因、有机磷水解酶基因、酚类化合物降解基因、脱色相关基因等。

研究环境微生物群落功能基因多样性分布与表达，对了解微生物降解过程的本质具有重要意义，同时某些特殊的功能基因也能作为检测特定微生物的靶基因。目前基因传感器的研究主要是针对人体、动植物、土壤、水、食品等介质中病原菌、病毒和降解微生物的功能基因的检测研究。

6）免疫传感器

免疫传感器就是利用抗原（抗体）对抗体（抗原）的识别功能而研制成的生物传感器。使用光敏元件作为信息转换器，利用光学原理工作的光学免疫传感器，是免疫传感器家族的一个重要成员。光敏器件有光纤、波导材料、光栅等。生物识别分子被固化在传感器，通过与光学器件的光的相互作用，产生变化的光学信号，通过检测变化的光学信号来检测免疫反应。

特点：①免疫传感器提高了灵敏度，降低了检测下限；②减少分析时间；③简化分析过程；④设备小型化；⑤测量过程自动化。

光学免疫传感器可以高灵敏地检测免疫反应，并进行精细免疫化学分析。其中发展最迅速的是光纤免疫传感器，它除了灵敏度高、尺寸小、制作使用方便以外，还在于检测中不受外界电磁场的干扰。

6.3.1.3　微生物传感器的应用

微生物传感是一种全新的微量分析技术，样品一般不需要预处理，且可操作性强，具有较快的反应速度、较高的灵敏度、较强的特异性及较低的成本。近年来，由于许多新技术、新方法和新原理的采用及各个学科的发展与相互渗透，各种新型微生物传感器不断涌现，种类繁多，其应用市场也呈现出快速增长的趋势。特别是随着我国生物技术及产业的快速发展，微生物传感技术的研究及应用引起人们的极大兴趣。目前，在生命科学、食品工业、生物工程、环境监测、临床诊断、居家护理、口岸检疫、国防反恐、航天科学等领域都有着重要的应用。具体应用如表 6-5 所示。

表 6-5　微生物传感器主要应用领域[①]

应用领域	应用举例
生命科学	活细胞中生物分子相互作用、单分子生物学、单细胞生物学研究等
食品工业	食品成分、鲜度、添加剂分析，农药残留分析，微生物和毒素检测
生物工程	发酵液成分分析、代谢物和产品分析、生物量分析
环境监测	水体有机污染（BOD）、大气环境污染（SO_2、NO）、室内空气污染等检测
临床诊断	血糖等生化指标测定、免疫学分析、病原及耐药性检测
居家护理	家用生化分析仪、残疾人协助设备
口岸检疫	生物毒素、细菌指标等分析
国防反恐	生物毒素、病毒、细菌快速甄别与鉴定
航天科学	航天员健康指标分析、航天器内环境指标分析、航天生物学研究

6.3.2　技术研发趋势

通过检索 SCI-E 数据库及德温特创新索引世界专利数据库（DII）中关于微生物传感器技术的论文和专利，并对其主题词进行了分析。

论文数据涉及的期刊主要包括 *Biosensors & Bioelectronics*、*Molecular Microbiology*、*Journal of Bacteriology*、*PLoS One*、*Proceedings of the National Academy of Sciences of the United States of America*、*Scientific Reports*、*PLoS Pathogens*、*Biochemical Engineering Journal*、*Current Nanoscience*、*Applied Biochemistry and Biotechnology* 等。

微生物传感器技术基础研究领域发文量居前 10 位的国家包括美国、中国、德国、日本、印度、韩国、英国、法国、意大利、加拿大，发文量居前 10 位的机构包括中国科学院、法国国家科学研究中心（CNRS）、哈佛大学、美因茨约翰内斯·古腾堡大学、首尔大学、西南大学、江南大学、华盛顿大学、湖南大学、暨南大学。

微生物传感器技术基础研究的热点主题词包括纳米粒子、蛋白质、检测、电极、大肠杆菌、试验、表达、识别、电化学传感、体系等。主要国家微生物传感器技术基础研究中研究主题变化情况表明，我国的微生物传感器技术研究的主题是纳米粒子、检测及电极，且在纳米粒子的研究占明显优势；美国在有

---

① 张先恩. 生物传感发展 50 年及展望 [J]. 中国科学院院刊, 2017, 32(12): 1271–1280.

关蛋白质的研究方面占比较大，而在检测、大肠杆菌、表达、识别方面基本均衡；德国则是在纳米粒子方面的基础研究相对较少，蛋白质、检测、大肠杆菌、体系方面均占相对较大的比例，尤其是在有关蛋白质的研究方面（图 6-16）。

微生物传感器技术的应用研究方面，专利量居前 10 位的机构包括东洋纺织、加州大学、Ikeda Shokken KK、Kikkoman Corp、味之素株式会社、日本产业技术综合研究所、Ultizyme Int Ltd、江南大学、韩国科学技术研究所、天野酶股份有限公司（Amano Enzyme Inc）等。

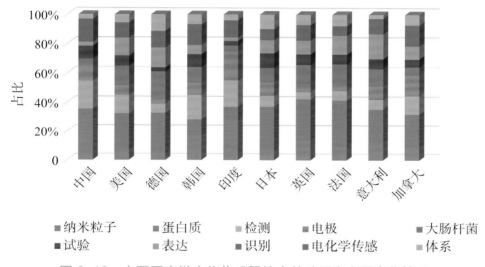

图 6-16　主要国家微生物传感器技术基础研究主题变化情况

微生物传感器技术专利量居前 10 位的技术方向包括 C12N-001/00（微生物及其组合物制备或分离、繁殖、维持或保藏的方法）、C12N-015/00（突变或遗传工程）、C12Q-001/00（包含酶、核酸或微生物的测定或检验方法）、C12M-001/00（酶学或微生物学装置）、G01N-033/00（借助于测定材料的化学或物理性质来测试或分析材料）、C12N-005/00（未分化的人类、动物或植物细胞的培养或维持）、C12N-009/00（酶的制备、活化、抑制、分离或纯化酶的方法）、C12R-001/01（细菌或放线菌目）、C07K-014/00（生长激素释放抑制因子）、C12P-021/00（肽或蛋白质的制备），如图 6-17 所示。

主要国家、地区及国际组织在微生物传感器专利技术研发方面的主题变化情况，美国和日本在专利量居前 10 位的技术方向上均占明显优势；我国的专利主要是以 C12R-001/01（细菌或放线菌目）、C12N-001/00（微生物及其组合物制备或分离、繁殖、维持或保藏的方法）、C12N-015/00（突变或遗传工程）、

C12M-001/00（酶学或微生物学装置）、C12Q-001/00（包含酶、核酸或微生物的测定或检验方法）等为主；日本在 C12N-009/00（酶的制备、活化、抑制、分离或纯化酶的方法）上，在世界范围内占比较明显的优势。

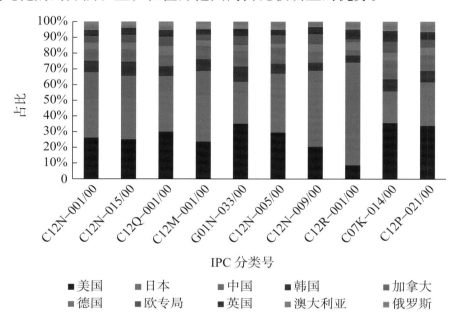

图 6-17　主要国家、地区及国际组织在微生物传感器专利技术研发方面的主题变化情况

　　通过以上的基础和应用研究分析，我们发现，尽管我国在微生物传感器领域的基础研究方面领先于其他国家，但是应用技术开发的差距却比较大，因此，我们在大力展开基础研究的同时，还需要加强应用研究与技术研发，从而促进相关产业的进一步发展。

6.3.3　技术路线

　　自 1975 年 Divies[①] 制成第一支微生物传感器以来，各种类型的可作为分析工具的微生物传感器不断被开发，微生物传感器技术的创新和提高，使其在各个领域的应用强度也在逐渐增加，从生命科学到环境监测，再到航天科学，给人类的生活、生产带来了更多的好处（图 6-18）。

---

① DIVIES C. Remarks on ethanol oxidation by an "Acetobacter Xylinum" microbial electrode[J]. Ann microbial, 1975,126(2):175–186.

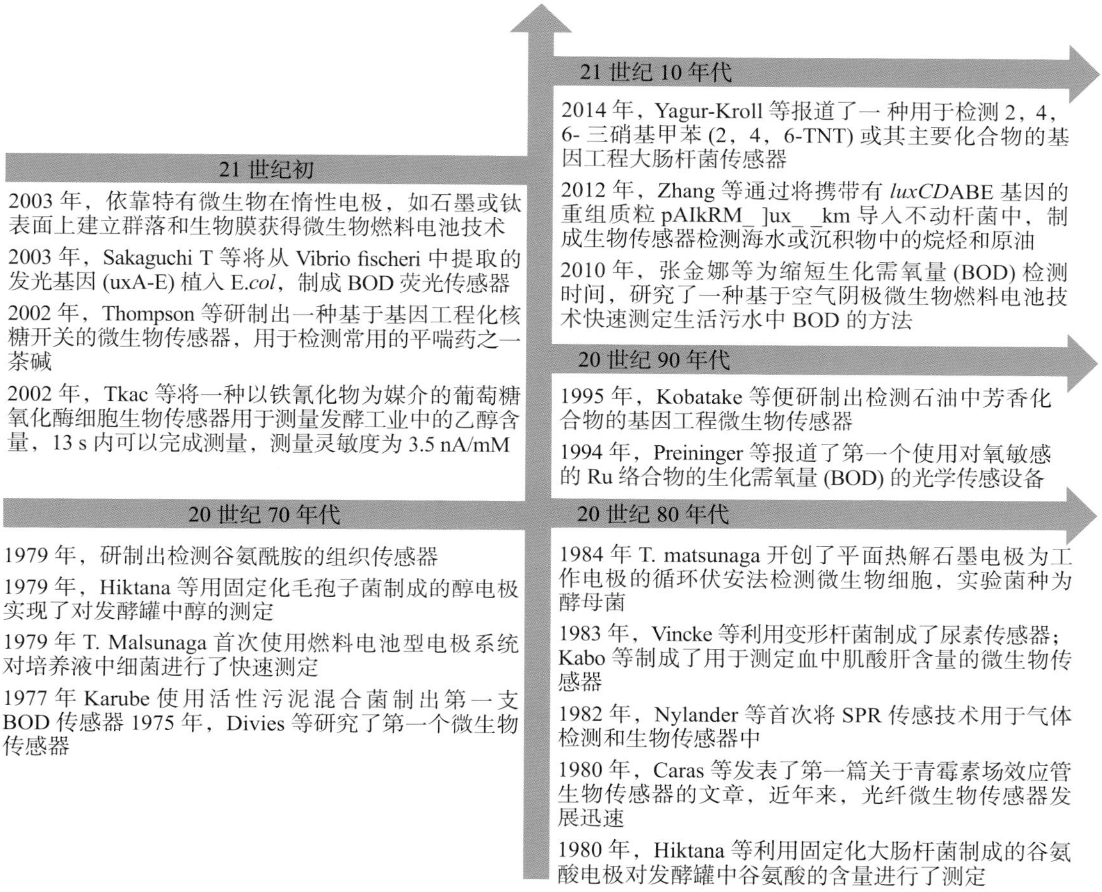

21 世纪 10 年代

2014 年，Yagur-Kroll 等报道了一种用于检测 2，4，6- 三硝基甲苯 (2，4，6-TNT) 或其主要化合物的基因工程大肠杆菌传感器

2012 年，Zhang 等通过将携带有 *luxCD*ABE 基因的重组质粒 pAIkRM_]ux__km 导入不动杆菌中，制成生物传感器检测海水或沉积物中的烷烃和原油

2010 年，张金娜等为缩短生化需氧量 (BOD) 检测时间，研究了一种基于空气阴极微生物燃料电池技术快速测定生活污水中 BOD 的方法

21 世纪初

2003 年，依靠特有微生物在惰性电极，如石墨或钛表面上建立群落和生物膜获得微生物燃料电池技术

2003 年，Sakaguchi T 等将从 Vibrio fischeri 中提取的发光基因 (uxA-E) 植入 E.col，制成 BOD 荧光传感器

2002 年，Thompson 等研制出一种基于基因工程化核糖开关的微生物传感器，用于检测常用的平喘药之一茶碱

2002 年，Tkac 等将一种以铁氰化物为媒介的葡萄糖氧化酶细胞生物传感器用于测量发酵工业中的乙醇含量，13 s 内可以完成测量，测量灵敏度为 3.5 nA/mM

20 世纪 90 年代

1995 年，Kobatake 等便研制出检测石油中芳香化合物的基因工程微生物传感器

1994 年，Preininger 等报道了第一个使用对氧敏感的 Ru 络合物的生化需氧量 (BOD) 的光学传感设备

20 世纪 70 年代

1979 年，研制出检测谷氨酰胺的组织传感器

1979 年，Hiktana 等用固定化毛孢子菌制成的醇电极实现了对发酵罐中醇的测定

1979 年 T. Malsunaga 首次使用燃料电池型电极系统对培养液中细菌进行了快速测定

1977 年 Karube 使用活性污泥混合菌制出第一支 BOD 传感器 1975 年，Divies 等研究了第一个微生物传感器

20 世纪 80 年代

1984 年 T. matsunaga 开创了平面热解石墨电极为工作电极的循环伏安法检测微生物细胞，实验菌种为酵母菌

1983 年，Vincke 等利用变形杆菌制成了尿素传感器；Kabo 等制成了用于测定血中肌酸肝含量的微生物传感器

1982 年，Nylander 等首次将 SPR 传感技术用于气体检测和生物传感器中

1980 年，Caras 等发表了第一篇关于青霉素场效应管生物传感器的文章，近年来，光纤微生物传感器发展迅速

1980 年，Hiktana 等利用固定化大肠杆菌制成的谷氨酸电极对发酵罐中谷氨酸的含量进行了测定

图 6-18　微生物传感器发展历程

微生物传感器的主要技术在于固定化微生物技术和换能器。微生物的固定化技术中，载体材料的选择起着关键作用，而目前常见的有机载体材料、无机载体材料、改性载体材料、复合载体材料及新型的载体材料正在被人们使用着，同时，研究人员也还在为研发出兼容性高且不会影响细胞活性、材料环保绿色、具有较大的比表面积、可以重复使用、成本低且易获得的性能更加优异的载体材料而努力。微生物的固定技术目前主要就是吸附法、包埋法、交联法及联合固定法，尽可能的趋利避害，研究反应温和，但是作用力强且稳定，还能不影响微生物细胞活性的固定技术（图 6-19）。

换能器是将生物或化学反应过程中产生的各种信息转变成可方便测量的信号，对物理、化学、生物等多元信号进行转换，随着现代测试技术的提高，信息转换的方式也越来越丰富，越来越灵敏，因此对于实现信息的精准反馈越来越高。

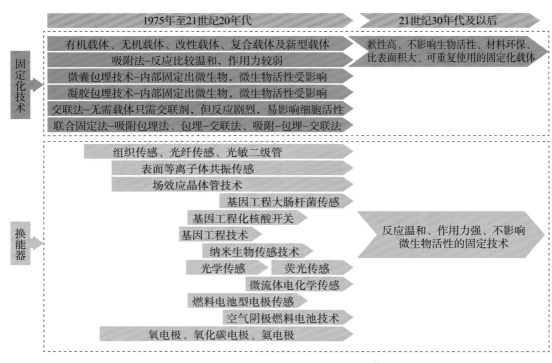

图 6-19　微生物传感器技术路线[①]

6.4　合成生物学

6.4.1　研究内容

　　合成生物学（synthetic biology）是在分子生物学、系统生物学、生物信息学、组学等现代生物学和系统科学的基础上发展，并融合了独特的工程学属性的新兴交叉学科，它将传统生物学描述、定性、分析为主转变为定量、预测、计算及工程化模式。合成生物学侧重于自下而上（bottom-up）的理念，即利用标准化元件及模块，通过工程化方法，从简单到复杂重新构建具有期望功能的生物系统；同时也应用自上而下（top-down）的理念，即利用解耦、抽提的方法降低天然生物系统复杂性，建立工程化标准模块。去耦合、标准化、模块化是合成生物学的重要原则。去耦合是指将复杂问题拆分为相对简单且独立的问题，最终整合为具有一定功能的统一整体；标准化是指建立基础生物学功能、实验

---

① ABBASIAN F, GHAFAR-ZADEH E, MAGI EROWSKI S. Microbiological sensing technologies: a review[J]. Bioengineering, 2018, 5(1): 20.

测定方法和系统运行（遗传背景、生长速率、环境状况等）相关标准，规范不同元件连接标准化定义；模块化是指利用抽象的层次模型通过不同水平复杂程度来描述生物功能信息，重新设计与构建合成生物系统的元件（part）和装置（device）。

合成生物学引入工程学理念，强调生命物质的标准化，对基因及其所编码的蛋白表述为生物元件或生物积块，对元件所做的优化、改造或重新设计称为"元件工程"，由元件构成的具有特定生物学功能的装置称为"生物器件"或"生物装置"；对基因元件组成的代谢或调控通路表述为基因回路或基因电路、基因线路；对除掉非必需基因的基因组和细胞表述为简约基因组和简约细胞等[1]（图 6-20）。

——合成生物学主要应用和最新进展

在生物基因组合成方面，2002 年，Eckard Wimmer 研究组[2] 化学合成能产生有生物活性病毒的脊髓灰质炎病毒基因组，这也是人类首次合成病毒基因组；2010 年 John Craig Venter[3] 团队合成第一个人造生命体 Synthia；2017 年，*Science* 以 7 篇论文专刊和封面文章 "Remodeling yeast genome piece by piece" 的形式报道了 5 条酵母染色体的从头设计与合成，4 条由中国科学家领衔完成，分别是天津大学元英进[4][5]、清华大学戴俊彪[6]、华大基因杨焕明院士和英国爱丁堡大学蔡毅之[7]，这一进展不仅可以深入理解生物学问题，也可设计定制更具潜力的酵母菌株应用于医药、能源、环境、农业、工业等领域。

① 严伟 , 信丰学 , 董维亮 , 等 . 合成生物学及其研究进展 [J]. 生物学杂志 , 2020，37(5)：1-9.
② CELLO J, PAUL A V, WIMMER E. Chemical synthesis of poliovirus cDNA: generation of infectious virus in the absence of natural template[J]. Science, 2002, 297(5583): 1016-1018.
③ GIBSON D G, GLASS J I, LARTIGUE C, et al. Creation of a bacterial cell controlled by achemically synthesized genome[J]. Science, 2010, 329(5987): 52-56.
④ XIE ZX, LI BZ, MITCHELL L A, et al. "Perfect" designer chromosome V and behavior of a ring derivative[J]. Science, 2017, 355(6329):312-319.
⑤ WU Y, LI B Z, ZHAO M, et al. Bug mapping and fitness testing of chemically synthesized chromosome X[J]. Science, 2017, 355(6329):72-83.
⑥ ZHANG W, ZHAO G, LUO Z, et al. Engineering the ribosomal DNA in a megabase synthetic chromosome[J]. Science, 2017, 355(6329):1-7.
⑦ SHEN Y, WANG Y, CHEN T, et al. Deep functional analysis of syn Ⅱ , a 770-kilobase synthetic yeast chromosome[J]. Science, 2017, 355(6329):1-9.

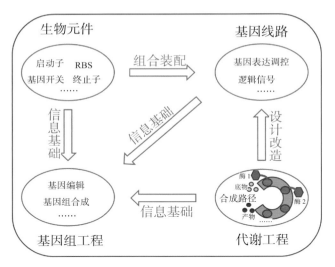

图 6-20　合成生物学研究内容

在绿色化工方面，生物基化学品、生物能源生产为主要方向。设计开发 /优化 1,4- 丁二醇这一作为塑料、聚酯纤维等制造原料的高需求量大宗化学品的生物合成途径，对于缓解传统化学生产方法的不可持续性与环境污染问题十分重要。Yimt 等 [1] 实现由可再生原料高效生产 1,4- 丁二醇（18 g/L），Tai 等 [2] 设计了 1,4- 丁二酸的缩短反应步骤、易于代谢优化的非磷酸化人工代谢途径。*Asthy S. Kayim* 等 [3] 的高滴度苯乙烯无细胞生物合成工作，将 *L-* 苯丙氨酸通过苯丙氨酸解氨酶 PAL2 和阿魏酸脱羧酶 FDC1，以 NH_3 和 CO_2 为副产物生成具有细胞毒性与挥发性的苯乙烯 [（4.2±0.1）g/L]。乙醇是研究成熟且应用广泛的清洁可再生生物能源，研究者通过合成生物学手段对底盘生物、关键酶进行改造，扩大乙醇生成原料范围并提高乙醇产量；通过联合生物加工，实现从纤维素到乙醇经济便捷的生产工艺 [4]。James C. Liao 等 [5] 对大肠杆菌进行改造，实

① YIMT H, HASELBECK R, NIU W, et al. Metabolic engineering of Escherichia coli for direct production of 1,4-butanediol[J]. Nat Chem Biol, 2011, 7(7): 445–452.

② TAI Y S, XIONG M, JAMBUNATHAN P, et al. Engineering nonphosphorylative metabolism to generate lignocellulose-derived products[J]. Nat chem biol, 2016, 12(4): 247–253.

③ GRUBBE W S, RASOR B J, KRÜGER A, et al. Cell-free styrene biosynthesis at high titers[J]. Metab Eng, 2020, (61): 89–95.

④ TSAI S L, GOYAL G, CHEN W. Surface display of a functional minicellulosome by intracellular complementation using a synthetic yeast consortium and its application to cellulose hydrolysis and ethanol production[J]. Appl environ microbiol, 2010, 76(22): 7514–7520.

⑤ ATSUMI S, HANAI T, LIAO J C. Non-fermentative pathways for synthesis of branched-chain higher alcohols as biofuels[J]. Nature, 2008, 451(7174): 86–89.

现系列高级醇的葡萄糖合成。

　　在生物医药方面，合成生物学在传染病的防治诊断、疫苗设计、工程化噬菌体、癌症治疗、血糖及尿酸调控等方面均展现不凡潜力。2017 年，张锋研究团队开发 SHERLOCK（Specific High-sensitivity Enzymatic Reporter unLOCKing）这一基于靶向 RNA 的 Cas13a 酶的快速廉价、高灵敏度的诊断工具，可用于应对病毒性 / 细菌性流行病暴发、抗生素耐药性监测与癌症检测；并将该诊断平台优化为纸基检测，添加 Csm6 放大检测信号，增加可准确定量靶分子水平与一次测量多种靶分子能力[1]；2020 年，张锋研究团队发布了基于 CRISPR/Cas13 的 SHERLOCK 技术，可实现 SARS-CoV-2 高效实时检测[2]。利用合成生物学技术组装与改造基因组，用于减毒疫苗生产。将脊髓灰质炎病毒衣壳蛋白进行密码子替换，降低蛋白质翻译效率，削弱病毒复制能力与感染力，减毒病毒可产生保护性免疫[3]。Joerg Jores 和 Volker Thiel 团队合作[4] 开发了基于酵母重组系统的病毒合成平台，仅一周时间实现 SARS-CoV-2 病毒从头合成，有利于对新型病毒的全球快速响应，快速和表征全球大流行可能出现的 RNA 变种病毒。Timothy K. Lu 团队等[5] 通过对噬菌体尾部纤维进行突变，改造噬菌体宿主范围，且工程化噬菌体可抑制细菌的噬菌体抗性；Collins 组[6] 改造 T7 噬菌体使其表达 β-1，6-N- 乙酰 -D- 葡萄糖胺水解酶 Dsp B，感染后生物膜细胞数量减少 99.997%。Synlogic 公司通过改造大肠杆菌 nissle 制造"活体药物"，将肠道中的氨转化为精氨酸且无法繁殖与定植在肠道内，有望作为安全的工程化肠道细菌延长高血氨症代谢性疾病动物的寿命[7]。华盛顿大

[1] GOOTENBERG J S, ABUDAYYEH O O, LEE J W, et al. Nucleic acid detection with CRISPR-Cs13a/C2c2[J]. Science, 2017, 356(6336): 438–442.
[2] JOUNG J, LADHA A, SAITO M, et al. Detection of SARS-CoV-2 with SHERLOCK One-Pot Testing[J]. N Engl J Med, 2020, 383(15): 1492–1494.
[3] ROBERT J, PAPAMICHAIL D SKIENA S, et al. Virus attenuation by genome-scale changes in codon pair bias. [J] Science, 2008, 320(5884): 1784–1787.
[4] THI NHU THAO T, LABROUSSAA F, EBERT N, et al. Rapid reconstruction of SARS-CoV-2 using a synthetic genomics platform[J]. Nature, 2020, 582(7813): 561–565.
[5] YEHL K, LEMIRE S, YANG A C, et al. Engineering phage host-range and suppressing bacterial resistance through phage tail fiber mutagenesis[J]. cell, 2019, 179(2): 459–469.
[6] LU T K, COLLINS J J. Dispersing biofilms with engineered enzymatic bacteriophage[J]. proceeding of the national academy of the united states of America, 2007, 104(27): 11197–11202.
[7] KURTZ C B, MILLET Y A, PUURUNEN M K, et al. An engineered E.coli Nissle improves hyperammonemia and survival in mice and shows dose-dependent exposure in healthy humans[J]. Science translational medicine, 2019, 11(475):7975.

学西雅图蛋白质设计研究所的 David Baker 利用计算机程序 Rosetta 从头设计蛋白 Neo-2/15，能够模仿白细胞介素 2（IL-2）刺激抗癌 T 细胞，同时避免发生毒副作用，该工作开辟了基于蛋白质设计的治疗癌症、自身免疫性疾病和其他疾病的新方法[①]。合成生物学通过工程化改造可自发感应并趋向肿瘤的细菌（大肠杆菌、沙门氏菌等），使其选择性侵袭肿瘤组织，产生细胞毒性化合物或报告蛋白以监测肿瘤。Christopher A Voigt 组[②] 研究在大肠杆菌中表达假结核耶尔森氏菌的侵袭素，选择不同的启动子实现侵袭素基因控制，实现对乳腺癌、骨肉瘤与肝癌等多种癌症细胞系的侵袭。Royo 等[③] 设计乙酰水杨酸触发型沙门氏菌入侵的癌细胞灭杀装置，使小鼠摄入 5- 氟胞嘧啶与阿司匹林（体内转化为水杨酸），激活水杨酸启动子 P_{sal} 及其级联启动子 P_m，产生胞嘧啶脱氨酶将 5- 氟胞嘧啶转化为 5- 氟尿嘧啶，作用于肿瘤细胞使肿瘤病灶消退。叶海峰等[④] 开发了远红光调控的转基因表达控制系统，实现了智能手机远程控制光敏细胞胰岛素释放，颠覆了以往口服和注射降糖药物治疗糖尿病的手段，使细胞疗法应用于临床又迈进了一大步；之后发表在 PNAS 上的文章表明其已开发了远红光调控激活 CRISPR-dCas9 效应装置 FACE（far-red light (FRL)-activated CRISPR-dCas9 effector），实现表观遗传操控及诱导干细胞分化为功能性神经细胞[⑤]；2020 年发表于 *Science Advances* 上的远红光调控分割型 split-Cas9 系统 FAST，将远红光响应蛋白 BphS，转录因子 BldD 和 Cas9 核酸酶进行理性设计、组装，可对小鼠肿瘤细胞中致癌基因进行编辑，实现光照抑制肿瘤生长[⑥]。

① SILVA DA, YU S, ULGE U Y, et al. De novo design of potent and selective mimics of IL-2 and IL-15[J]. Nature, 2019, 565(7738): 186-193.

② ANDERSON J C, CLARKE E J, ARKIN A P, et al. Environmentally controlled invasion of cancer cells by engineered bacteria[J]. J mol niol, 2006, 355(4): 619-627.

③ ROYO J L, BECKER P D, CAMACHO E M, et al. In vivo gene regulation in Salmonella spp. by a salicylate-dependent control circuit[J]. Nat methods, 2007, 4(11): 937-942.

④ SHAO J W, XUE S, YU G L, et al. Smartphone-controlled optogenetically engineered cells enable semiautomatic glucose homeostasis in diabetic mice[J]. Science Translational Medicine, 2017, 9(387): 13.

⑤ SHAO J, WANG M, YU G, et al. Synthetic far-red light-mediated CRISPR-dCas9 device for inducing functional neuronal differentiation[J]. Proceedings of the national academy of sciences of the united states of America, 2018, 115(29E): 6722-6730.

⑥ YU Y, WU X, GUAN N, et al. Engineering a far-red light-activated split-Cas9 system for remote-cotrolled genome editing of internal organs and tumors[J]. Science advances, 2020, 6(28):1797.

在生物医药先进制造方面，Keasling 课题组利用工程微生物发酵生产青蒿素前体——青蒿酸，再通过化学法合成青蒿素；通过一系列技术路线调整，底盘生物由大肠杆菌改为酿酒酵母、酵母甲羟戊酸（MVA）途径调控、前体法尼基焦磷酸（FPP）代谢支路削弱，将紫穗槐二烯合成酶（ADS）、P450 酶 CYP71AV1 及其还原酶 CPR1 整合等，青蒿酸产量达 2.5 g/L[①]，被 Discovery 评为 2006 年十大科学进展之一；为进一步提高产量，使用酵母菌株 CEN.PK2 替换 S288C，引入细胞色素 b5、青蒿醛脱氢酶（ALDH1）和青蒿醇脱氢酶（ADH1），敲除 GAL80 基因并优化发酵条件，实现 25 g/L 青蒿酸产量[②]。紫杉醇是可用于治疗乳腺癌、非小细胞癌的四环二萜，研究人员通过改造大肠杆菌 2- 甲基赤藓糖 -4- 磷酸（MEP）途径合成紫杉二烯，产量只有 1.3 mg/L[③]；以异戊烯焦磷酸（IPP）为分界做基因模块优化，可将间接式反应器紫杉二烯产量提升至 1.02 g/L[④]。酿酒酵母具内膜系统，适于细胞色素 P450 酶的表达，但研究发现紫杉二烯产量综合水平较大肠杆菌低[⑤]，Zhou 等[⑥] 开发大肠杆菌 – 酵母共培养系统，由大肠杆菌生产紫衫二烯，扩散至酿酒酵母合成单乙酰化双氧化紫杉烷，最终获得 1 mg/L 紫杉醇。继 Christina Smolke 等[⑦] 通过酵母改造将糖转化为吗啡前体蒂巴因后，罗小舟等[⑧] 在酵母中实现了大麻素化学分子四氢大麻酚（THCA）、四氢大麻二酚（CBDA）等合成，并以专利转让入股 Demetrix 公司，有望促进大麻素及其衍生物新药研发。

① RO D K, PARADISE E M, OUELLET M, et al. Production of the antimalarial drug precursor artemisinic acid in engineered yeast[J]. Nature, 2006, 440(7086): 940–943.
② PADDON C J, WESTFALL P J, PITERA D J, et al. High-level semi-synthetic production of the potent antimalarial artemisinin[J]. Nature, 2013, 496(7446): 528–532.
③ HUANG Q, ROESSNER C A, CROTEAU R, et al. Engineering Escherichia coli for the synthesis of taxadiene, a key intermediate in the biosynthesis of taxol[J]. Bioorg med chem, 2001, 9(9): 2237–2242.
④ AKAHATA W, YANG Z Y, ANDERSEN H, et al. A virus-like particle vaccine for epidemic Chikungunya virus protects nonhuman primates against infection[J]. Nat Med, 2010, 16(3): 334–338.
⑤ ENGELS B, DAHM P, JENNEWEIN S. Metabolic engineering of taxadiene biosynthesis in yeast as a first step towards Taxol (Paclitaxel) production[J]. Metab eng, 2008, 10(3-4): 201–206.
⑥ ZHOU K, QIAO K, EDGAR S, et al. Distributing a metabolic pathway among a microbial consortium enhances production of natural products[J]. Nat biotechnol, 2015, 33(4): 377–2083.
⑦ GALANIE S, THODEY K, TRENCHARD I J, et al. Complete biosynthesis of opioids in yeast[J]. Science, 2015, 349(6252): 1095–1100.
⑧ LUO X, REITER M A, D'ESPAUX L, et al. Complete biosynthesis of cannabinoids and their unnatural analogues in yeast[J]. Nature, 2019, 567(7746): 123–126.

　　在生态环境保护方面，利用合成生物学技术构建生物传感器，可对不同环境条件下的致癌性致畸性因子进行快速微量检测，甚至富集或降解土壤、水源中抗生素、重金属离子等。Julius B. Lucks 与 James J. Collins 团队 [1] 合作开发基于无细胞体外转录系统、由适配体激活的 RNA 输出传感器 ROSALIND，可用于检测抗生素、小分子及金属等多种水污染物，增加 RNA 线路，还可快速响应、减小串扰并提高灵敏度；此外，ROSALIND 系统可冷冻干燥，便于存储运输与使用。塑料垃圾填埋 / 焚烧处理均对生态系统产生严重污染，并在动物体内富集塑料微颗粒，John McGeehan 与 Gregg Beckham 课题组 [2] 合作，将 PETase 和 MHETase 设计和组装，经优化测试，这种可快速降解聚对苯二甲酸乙二酯（PET）的超级酶将由 Carbios 公司在 1～2 年实现产业落地，有望解决塑料垃圾难题；清华大学陈国强团队孵育企业蓝晶微生物开发的可完全生物降解塑料聚羟基烷酸酯（PHA）低成本生产技术，未来可在塑料制品、高性能生化滤膜、医用植入材料等释放极大潜力。在 CO_2 固定与应对温室效应方面，Ron Milo 团队 [3] 以适应性进化为手段，构建出以 CO_2 为唯一碳源的自养型大肠杆菌；Tobias Erb 团队 [4] 利用微流控技术，将光合膜封闭在细胞大小液滴中，通过整合优化，创建人工光合作用系统，光能可驱动 CO_2 固定在叶绿体中，可对"合成叶绿体"进行编程改造，将应用扩展到小分子 / 药物合成、截留环境碳等多种可能。针对抗生素、微塑料、持久性有机污染物（POPs）、高氨氮源等难降解污染物，可通过合成生物学技术筛选降解功能基因元件、构建复合人工生物被膜系统，提升活性污泥性能与安全可控性。

　　面对农业增产需求，合成生物学在农林害虫防治、高效生物固氮、农作物高品质育种等方面可大展身手。例如，Irina Borodina 团队 [5] 利用酵母生产了几类重要农业害虫信息素成分或其前体成分，缓解了化学合成不饱和脂肪醇信息素成本较高的难题，可以在不对环境和人体健康产生影响的前提下有效对抗农

① JUNG J K, ALAM K K, VEROSLOFF M S, et al. Cell-free biosensors for rapid detection of water contaminants[J]. Nat biotechnol, 2020, 38(12): 1451–1459.
② KNOTT B C, ERICKSON E, ALLEN M D, et al. Characterization and engineering of a two-enzyme system for plastics depolymerization[J]. Proc natl acad sci USA, 2020, 117(41): 25476–25485.
③ GLEIZER S, BEN-NISSAN R, BAR-ON Y M, et al. Conversion of Escherichia coli to generate all biomass carbon from CO_2[J]. Cell, 2019, 179(6):1255–1263.
④ MILLER T E, BENEYTON T, SCHWANDER T, et al. Light-powered CO_2 fixation in a chloroplast mimic with natural and synthetic parts[J]. Science, 2020, 368(6491): 649–654.
⑤ HOLKENBRINK C, DING B J, WANG H L, et al. Production of moth sex pheromones for pest control by yeast fermentation[J]. Metab eng, 2020, 62: 312–321.

林害虫 Christopher A Voigt 组；[1] 利用两种谷物内生菌 (*Azorhizobium caulinodans* ORS571 和 *Rhizobium sp.* IRBG74) 和附生植物假单胞菌蛋白 Pf-5 设计诱导型固氮系统，可响应多种农业相关信号，如根分泌物、生物防治剂、植物激素等；北大王忆平团队[2] 将含 18 个基因的产酸克雷伯菌钼铁固氮酶系统简化为 5 个 polyprotein 的巨型基因系统，可实现以氮气为唯一氮源的大肠杆菌生长，使固氮系统向真核系统与农作物转移更进一步，有望缓解工业氮肥使用带来的农业可持续发展问题。基因编辑技术与基因组、转录组和代谢组等多组学技术联合使用，还可提高人工合成农作物的农艺性能、生产性能与抗逆性。例如，高彩霞团队[3] 建立的多核苷酸靶向删除系统 AFIDs（APOBEC-Cas9 fusion-induced deletion systems）成功在水稻与小麦基因组中实现精准、可预测的多核苷酸删除，靶向水稻 OsSWEET14 基因启动子上的效应子结合元件的多核苷酸缺失突变体对白叶枯病抗性较 1~2 个碱基插入缺失更强；同样是高彩霞团队设计的饱和定向内源诱变编辑器（STEMEs），可促进植物基因的定向进化，以获得具有改良农艺性状的遗传变异，在对水稻 OSACC 基因实现定向进化后，获得除草剂抗性，理论上 STEME 可作用于任何适用 CRISPR 编辑的植物[4]。

　　在食品工业领域，人造肉与高品质油被评为 6 种已面向市场、最具代表性、正在改变世界的合成生物学产品之二[5]。Impossible Foods 公司将毕赤酵母改造，生产大豆血红蛋白，作为人造肉食品添加剂，所生产的植物汉堡温室气体的排放量仅为牛肉汉堡的 11%。Calyxt 公司对大豆进行基因编辑，产出更多的油酸，避免在高温下不稳定且易产生反式脂肪的亚油酸。

① RYU M H, ZHANG J, TOTH T, et al. Control of nitrogen fixation in bacteria that associate with cereals[J]. Nat microbiol, 2020, 5(2): 314–330.
② YANG J G, XIE X Q, XIANG N, et al. Polyprotein strategy for stoichiometric assembly of nitrogen fixation components for synthetic biology[J]. Proc natl acad sci USA, 2018, 115(36e): 8509–8517.
③ WANG S, ZONG Y, LIN Q, et al. Precise, predictable multi-nucleotide deletions in rice and wheat using APOBEC-Cas9[J]. Nat biotechnol, 2020, 38(12): 1460–1465.
④ LI C, ZHANG R, MENG X, et al. Targeted, random mutagenesis of plant genes with dual cytosine and adenine base editors[J]. Nat biotechnol, 2020, 38(7): 875–882.
⑤ VOIGT C A. Synthetic biology 2020—2030: six commercially-available products that are changing our world[J]. Nat commun, 2020, 11(1): 6379.

6.4.2 技术研发趋势

通过检索 2010—2019 年 WOS 数据库 SCI-E 核心数据集及德温特专利创新索引数据库（DII）中关于合成生物学的论文和专利，结果如下。

论文数据涉及的期刊主要包括 *Acs Synthetic Biology*、*PLoS One*、*Nucleic Acids Research*、*Proceedings of the National Academy of Sciences of the United States of America*、*Metabolic Engineering*、*Scientific Reports*、*Current Opinion in Biotechnology*、*Nature Communications*、*Applied Microbiology And Biotechnology*、*Microbial Cell Factories* 等。

合成生物学基础研究论文主要集中在美国（发文量为 3121 篇，占论文总量的 50.13%）、中国（发文量为 1103 篇，占 11.92%）、英国（发文量为 857 篇，占 9.26%）、德国（发文量为 659 篇，占 7.12%）、日本（发文量为 415 篇，占 4.48%）等国家和地区，美国发文量遥遥领先。

发文量居前 10 位的研究机构包括加州大学伯克利分校（Univ Calif Berkeley）、麻省理工学院（MIT）、中国科学院（Chinese Acad Sci）、哈佛大学（Harvard Univ）、华盛顿大学（Washington Univ）、瑞士苏黎世联邦理工学院（Swiss Fed Inst Technol）、伊利诺伊大学（Illinois Univ）、斯坦福大学（Stanford Univ）、曼彻斯特大学（Manchester Univ）、德克萨斯大学奥斯汀分校（Texas Austin Univ）。

合成生物学基础研究论文中出现频次较高（出现频次大于 50 次）的关键词如表 6-6 所示，合成生物学的研究方向主要集中在：①酵母合成生物学研究；②底盘与最小生命体研究；③基因与基因组的合成研究；④基因调控网络构建。

表 6-6　合成生物学基础研究论文中出现频次较高的关键词

序号	关键词	中文名
1	synthetic biology	合成生物学
2	metabolic engineering	代谢工程
3	escherichia coli	大肠杆菌
4	systems biology	系统生物学
5	protein engineering	蛋白质工程
6	saccharomyces cerevisiae	酿酒酵母
7	biosensor	生物传感器
8	biofuels	生物燃料

（续表）

序号	关键词	中文名
9	yeast	酵母
10	gene expression	基因表达
11	self-assembly	自组装
12	biosynthesis	生物合成
13	directed evolution	定向进化
14	genetic circuits	遗传回路
15	natural products	天然产物
16	DNA	DNA
17	biotechnology	生物技术
18	genome engineering	基因组工程
19	biocatalysis	生物催化
20	artificial cell	人工细胞
21	quorum sensing	群体感应
22	genome editing	基因组编辑
23	CRISPR	CRISPR
24	genetic engineering	基因工程
25	optogenetics	光遗传学
26	microfluidics	微流体
27	aptamer	适配子
28	CRISPR/Cas9	CRISPR/Cas9
29	DNA assembly	DNA 组装
30	cell-free protein synthesis	无细胞蛋白合成
31	synthetic gene	合成基因
32	Promoter	启动子
33	gene regulation	基因调控
34	Heterologous expression	异源表达
35	synthetic promoter	合成促进剂

在合成生物学专利技术研发方面，专利量居前 10 位的技术方向包括 C12N-015/00（突变或遗传工程）、C12Q-001/00（包含酶、核酶或微生物的测定或检验方法）、C07K-014/00（生长激素释放抑制因子）、C12N-001/00（微生物及其组合物制备或分离、繁殖、维持或保藏方法）、C12N-005/00（未分

化的人类、动物或植物细胞的培养或维持）、C12N-009/00（酶的制备、活化、抑制、分离或纯化酶的方法）、C07H-021/00（含有两个或多个单核苷酸单元的化合物，具有以核苷基的糖化物基团连接的单独的磷酸酯基，例如核酸）、A61K-039/00（含有抗原或抗体的医药配制品）、A61K-031/00（含有机有效成分的医药配制品）、A61K-038/00（含肽的医药配制品）。

专利量排名居前 10 位的优先权国家和地区包括中国、美国、加拿大、俄罗斯、欧盟、韩国、日本、巴西、英国、澳大利亚，主要的专利权人包括 Curevac 公司（CureVac AG）、麻省理工学院（Massachusetts Inst Technology）、陶氏化学（Dow Chem Co）、四川蓝光英诺生物科技股份有限公司（Sichuan Revotek Co Ltd）、哈佛大学（Harvard College）、俄罗斯农业学院西伯利亚和远东实验兽医研究所（As Russia Agric Far East Inst Sibe Exper）、扬森制药公司（Janssen Pharm NV）、江南大学（Jiangnan Univ）等。

6.4.3　技术路线

2000—2020 年合成生物学研究进展主要体现在以下几个方面（图 6-21）。

①合成生物学基础理论与方法研究。主要包括强化工程学"设计 - 建造 - 测试"概念；建立元件 - 模块 - 装置 - 系统 - 多细胞交互与群体感应的层级化设计理念，利用基本元件设计并构建基因开关（双相开关、双稳态开关、核糖开关等）、振荡器、逻辑门等合成装置，重编程生命系统使其执行期望功能；核酸 / 蛋白质调控元件的鉴定、合成、设计与基因线路的组装与优化。

②合成生物学技术创新。主要包括计算机辅助设计与人工智能；化学合成生物学引领的正交人工生命体系搭建；与基因测序和合成成本下降超摩尔定律、DNA 组装、基因编辑技术发展一同蓬勃涌现的基因组工程化改造；基于饱和突变 / 理性设计的蛋白质元件 / 菌种定向进化工作。

③合成生物学工程化、产业化和提升医疗水平。主要包括在底盘生物高效遗传操作与编辑、代谢网络检测与调控基础上发展的大宗化学品、生物基产品、药品（青蒿素前体、大麻素、阿片类药物等）的细胞工厂构建；以 CRISPR 基因编辑技术为代表的快速检测、疾病动物模型构建、细胞疗法、先进肿瘤治疗等在生物医学的应用。

图 6-22 为英国 2012 年发布的"英国合成生物学路线图"，该报告明确指出为英国合成生物学的发展提出了 5 个重点主题：基础科学与工程、持续开展可靠的研究与创新、开发商用技术、应用与市场及国际合作等。

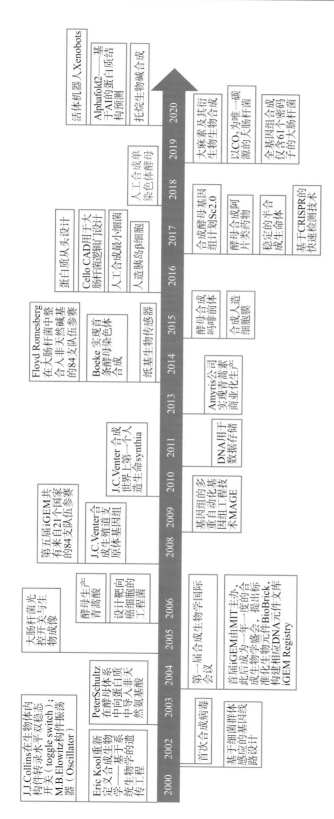

图 6-21　合成生物学研究发展历程

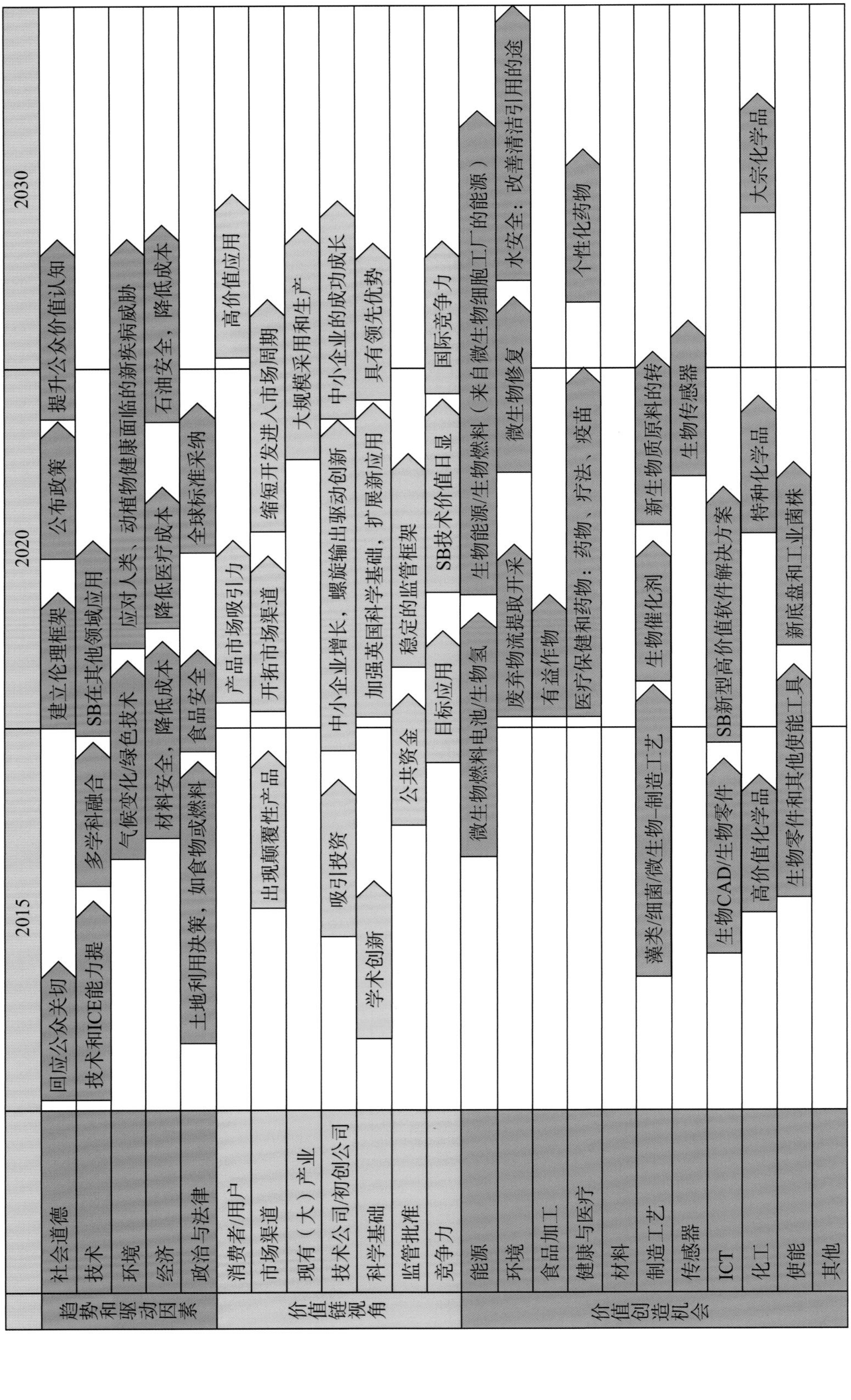

分类		2015	2020	2030
趋势和驱动因素	社会道德	回应公众关切	建立伦理框架 · 公布政策	提升公众价值认知
	技术	技术和ICE能力提升 · 多学科融合	SB在其他领域应用	
	环境	气候变化绿色技术	应对人类、动植物健康面临的新疾病威胁	
	经济	材料安全、降低成本	降低医疗成本	石油安全、降低成本
	政治与法律	土地利用决策,如食物或燃料	食品安全	全球标准采纳
价值链视角	消费者/用户		产品市场吸引力	高价值应用
	市场渠道	出现颠覆性产品	开拓新市场渠道	缩短开发进入市场周期
	现有(大)产业			大规模采用和生产
	技术公司/初创公司	吸引投资	中小企业增长,螺旋输出驱动创新	中小企业的成功成长
	科学基础	学术创新	加强英国科学基础,扩展新应用	具有领先优势
	监管批准	公共资金	稳定的监管框架	
	竞争力	目标应用	SB技术价值日显	国际竞争力
价值创造机会	能源	微生物燃料电池生物氢	生物能源生物燃料(来自微生物细胞工厂的能源)	
	环境		废弃物流远程开采 · 微生物修复	水安全:改善清洁引用的途径
	食品加工		有益作物	
	健康与医疗		医疗保健和药物:药物、疗法、疫苗	个性化药物
	材料		生物催化剂 · 新生物质原料的转变	
	制造工艺	藻类细菌微生物-制造工艺		
	传感器		生物传感器	
	ICT	生物CAD/生物零件	SB新型高价值软件解决方案	
	化工	高价值化学品	特种化学品	大宗化学品
	使能	生物零件和其他使能工具	新底盘和工业菌株	
	其他			

图6-22 英国合成生物学路线图

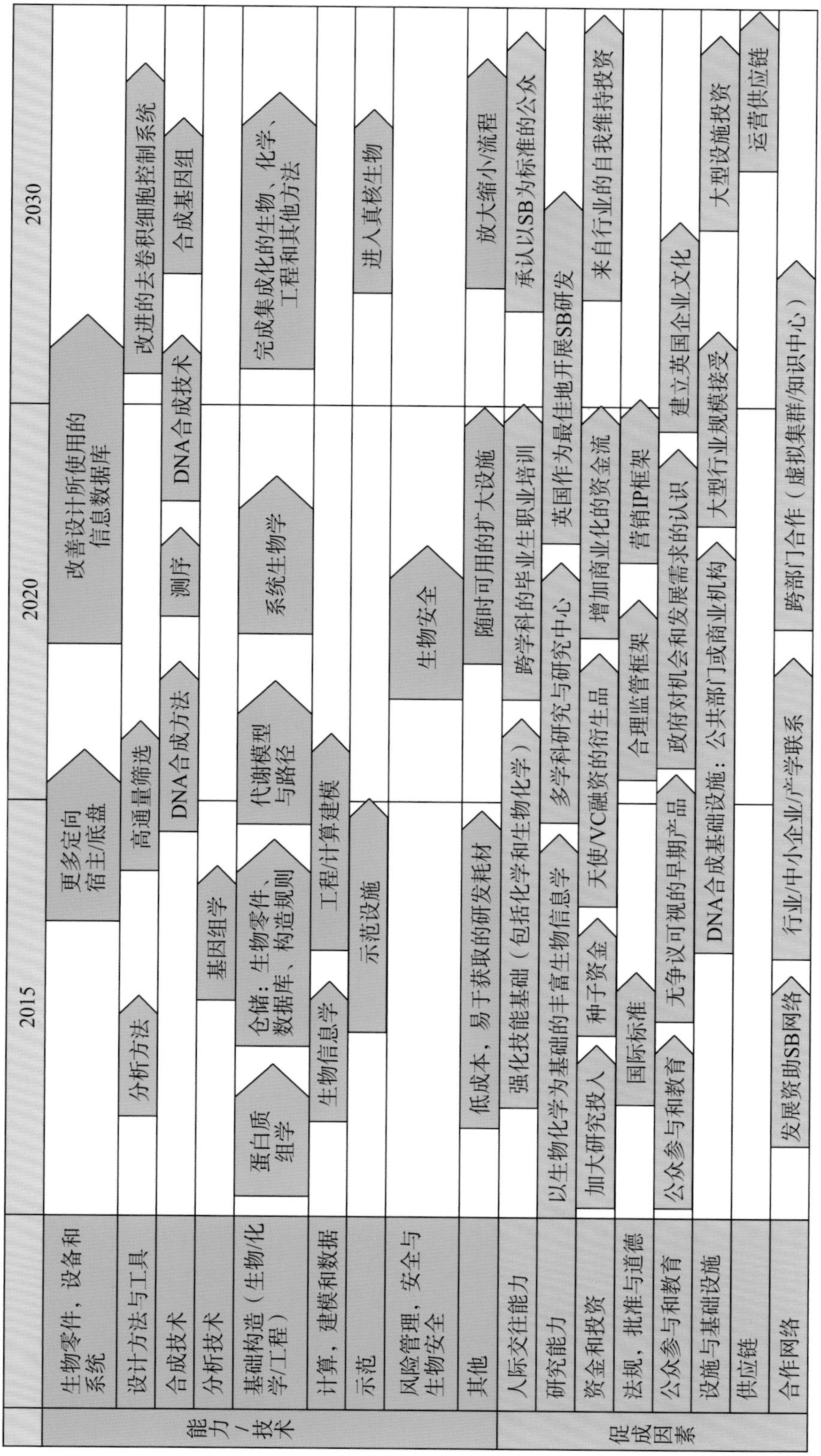

类别	要素	2015	2020	2030
能力/技术要素	生物零件、设备和系统		改善设计所使用的信息数据库	改进的去卷积细胞控制系统
	设计方法与工具	更多定向宿主/底盘		合成基因组
	合成技术	分析方法；高通量筛选	DNA合成方法；测序；DNA合成技术	
	分析技术			
	基础构造（生物/化学/工程）	基因组学；蛋白质组学；仓储：生物零件、数据库、构造规则；代谢模型与路径	系统生物学	完成集成优化的生物、化学、工程和其他方法；进入真核生物
	计算、建模和数据	生物信息学；工程计算建模		
	示范	示范设施		
	风险管理、安全与生物安全		生物安全	
	其他	低成本、易于获取的研发耗材	随时可用的扩大设施	放大缩小流程
促成因素	人际交往能力	强化技能基础（包括化学和生物化学）	跨学科的毕业生职业培训	承认以SB为标准的公众
	研究能力	以生物化学为基础的丰富生物信息	多学科研究与研究中心	英国作为最佳地开展SB研发
	资金和投资	加大研究投入；种子资金	天使/VC融资的中心；增加商业化的资金流	来自行业的自我维持投资
	法规、批准与道德	国际标准	合理监管框架；营销IP框架	建立英国企业文化
	公众参与和教育	公众参与和教育；无争议可视化的早期产品	政府对机会和发展需求的认识	大型行业规模接受
	设施与基础设施	DNA合成基础设施	公共部门或商业机构	大型设施投资
	供应链		跨部门合作（虚拟集群/知识中心）	运营供应链
	合作网络	发展资助SB网络	行业/中小企业/产学联系	

图6-22　英国合成生物学路线图（续）

第7章

微生物产业发展态势分析

内容提要

微生物资源可能是地球上最大的、尚未有效开发利用的自然资源，蕴藏着巨大的产业价值。以现代生物技术为出口的微生物资源研究与利用已成为全球竞争的战略重点。进入 21 世纪以来，世界主要发达国家都已经确定了未来几十年内的生物技术发展战略和目标。因此，构建我国微生物资源保护策略，建立微生物资源开发利用的新技术，对于推动我国生物产业体系的建设与发展，维护我国在世界经济中的地位具有重要意义。

产业微生物学作为生物技术的一个分支，把微生物科学和工业有机地结合在一起，即对微生物进行筛选、操作和管理，以便大规模生产有益的产品。从应用领域市场规模分析，微生物技术在农业、工业、医药等各个领域的应用越来越广泛，其主要的应用行业包括食品饮料、生物制药、农业、护肤及化妆品、生物能源及其他行业等。

2018 年全球农业微生物的市场价值为 30.24 亿美元，预计到 2024 年将达到 71.45 亿美元，2018—2024 年复合年均增长率为 14.6%。其中细菌类产品所占市场份额最大，为 44.6%；其次是病毒类产品，为 37.4%；另外，真菌类产品和其他产品分别占 16.1% 和 1.9%。细菌农业有巨大的需求，并在全球范围内快速发展。随着对使用农业微生物的认识和支持的增加，其份额正在迅速增加。2018 年，我国农业微生物市场价值为 3.133 亿美元，预计到 2024 年将达到 9.417 亿美元，2018—2024 年复合年均增长率为 20.5%。微生物食品饮料行业也是微生物应用领域的主要行业。由于益生菌对消化系统有众多益处，越来越多的消费者开始消费各种益生菌类补充剂以维持其健康状况，从而降低医疗保健成本，因此，对益生菌补充剂的需求正在不断增加。2019 年益生菌食品和饮料的市场收入为 258.2 亿美元，预计到 2025 年将达到 379.78 亿美元。

近年来，我国微生物护肤及化妆品、生物能源及医药产业市场正在稳步快速发展。因此，微生物资源的开发和利用对于相关产业的发展有着巨大的作用。微生物资源的开发既是机遇，也是挑战，而我们必须抓住这一机遇，结合微生物相关的先进技术，将微生物资源这一具有巨大产业价值的作用发挥出来，促进产业及重点企业的发展，造福于人类。

7.1.2　微生物在土壤改良剂和作物保护方面的应用

　　按功能划分,全球农业微生物市场大致分为土壤改良剂和作物保护两大类。

　　众所周知,微生物是土壤的重要组成部分,它们的存在也是维持农业活动的关键。在农业中,有益微生物对于保持土壤健康、提高土壤肥力至关重要,它们的主要作用包括分解有机质、参与土壤养分循环过程、改善土壤结构、固氮、促进植物生长、防治病虫害等。

　　在现实中,微生物往往与植物形成共生关系,对提高作物产量、生产优质农产品很有帮助。例如,植物根际促生菌可促进植物生长及其对矿物质营养的吸收和利用,尤其是磷和锌,并能抑制有害生物,保护根部免受有害病原体的侵害。

　　另外,许多微生物对害虫有致病作用,利用这种致病性来防治害虫可以有效减少杀虫剂、杀菌剂等化学品的使用,而且不会对作物、周围的生态系统或人类健康造成危害,也有助于环境保护和可持续发展。有害生物会对传统的人工合成农药产生抗性,微生物农药比人工合成的农药危害小,因为它通常只影响目标害虫和与其密切相关的其他生物,所以一些种植者选择使用创新的微生物杀虫剂。

　　如图 7-7 所示,2018 年土壤改良剂的市值为 9.544 亿美元,预计到 2024 年将达到 23.775 亿美元。复合年均增长率为 16.1%,农业生产力在很大程度上取决于土壤的质量,改良剂在确保植物生长的理想土壤条件和最大化产量方面起着关键作用。利用微生物促进土壤养分的吸收,在提高土壤肥力、改善土壤结构和防治病害的同时,可起到特定养分的动员和同化作用。

图 7-7　2015—2024 年全球土壤改良剂和作物保护市场收入（单位：百万美元）①

---

① 资料来源：魔多情报分析。

2018 年，作物保护部分的市值为 20.781 亿美元，预计 2024 年将达到 47.644 亿美元。复合年均增长率为 14.0%，在所有微生物作物保护产品中，基于细菌的产品份额为 60%，占比最大；基于真菌的产品份额占比为 27%，基于病毒的产品份额占比为 10%，其他产品份额占比为 3%。全球微生物作物保护数据表明，大约 322 种基于苏云金芽孢杆菌产品占据了 53% 以上的市场，而这些产品中有近 50% 是在美国市场销售的。

基于以上市场数据，2018 年作物防护所占市场份额最大，为 68.5%，土壤改良剂占 31.5%。伴随着环境可持续性得到高度重视，以及政府推广微生物的使用，预计农业微生物市场在未来会有较大的增长。

7.1.3 微生物肥料产业的发展状况

微生物肥料俗称细菌肥料，简称菌肥，它是从土壤中分离出有益微生物后，经过人工选育与繁殖后制成的菌剂，是一种辅助性肥料，应用于农业生产，统称为农用微生物菌剂。施用后通过菌肥中微生物的生命活动，借助其代谢过程或代谢产物，以改善植物生长条件和农产品品质，尤其是营养环境，如固定空气中的游离氮素、参与土壤中养分的转化、增加有效养分、分泌激素刺激植物根系发育、抑制有害微生物活动等。

2018 年，全球微生物肥料的市场价值是 14.26 亿美元，预计 2024 年将达到 26.09 亿美元，复合年均增长率为 11.2%（图 7-8）。

2018 年根瘤菌市场价值为 2.568 亿美元，占全球市场的 18.0%，预计 2024 年将达到 4.175 亿美元，预测期复合年均增长率为 85%，根瘤菌是一种天然存在的固氮细菌，主要存在于豆科植物的根瘤中。据估计，每公顷每年 40～250 kg 的氮被不同豆科作物通过根瘤菌的微生物活性固定。在产品方面，根瘤菌也占全球生物肥料生产的主要份额。

2018 年，固氮菌市场价值为 2.34 亿美元，占全球市场的 16.4%，预计 2024 年市场价值将达到 3.861 亿美元，复合年均增长率为 9.0%。固氮菌是一种自由生活的固氮细菌，在大多数作物的栽培中被用作生物肥料。

2018 年，固氮螺菌市场估值为 2.183 亿美元，占全球市场的 15.3%，预计 2024 年市场价值将达到 3.835 亿美元，复合年均增长率为 10.4%。固氮螺菌是一种自由生活的固氮菌，与禾草密切相关。固氮螺菌可以固定大气中的氮并且以非共生的方式使其用于植物，代替植物所需的 50%～90% 的氮肥。

2018 年，蓝绿藻市场价值为 2.04 亿美元，占全球市场的 14.3%，预计到

2024 年市场价值将达到 3.7577 亿美元，复合年均增长率为 11.4%。蓝绿藻或蓝细菌是光合自养的原核藻。蓝绿藻既能进行光合作用，又能补充氮，同时还能适应不同的土壤类型。蓝藻生物肥料用于多种作物，如大麦、燕麦、番茄、萝卜、棉花、甘蔗、玉米、辣椒和莴苣等。

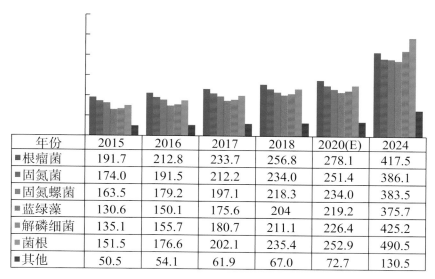

年份	2015	2016	2017	2018	2020(E)	2024
▪根瘤菌	191.7	212.8	233.7	256.8	278.1	417.5
▪固氮菌	174.0	191.5	212.2	234.0	251.4	386.1
▪固氮螺菌	163.5	179.2	197.1	218.3	234.0	383.5
▪蓝绿藻	130.6	150.1	175.6	204	219.2	375.7
▪解磷细菌	135.1	155.7	180.7	211.1	226.4	425.2
▪菌根	151.5	176.6	202.1	235.4	252.9	490.5
▪其他	50.5	54.1	61.9	67.0	72.7	130.5

图 7-8　2015—2024 年全球微生物肥料市场价值（单位：百万美元）[1]

2018 年，解磷细菌市场价值为 2.111 亿美元，占全球市场的 14.8%，预计到 2024 年市场价值将达到 4.252 亿美元，复合年均增长率为 13.4%。解磷细菌（或巨大芽孢杆菌）生长并分泌有机酸，该有机酸将不可获得的磷酸盐溶解成可溶解的形式，并使其用于植物。解磷细菌生物肥是以载体粉末为基础的解磷微生物制剂，以氮为最重要的元素。

2018 年菌根市场价值为 2.354 亿美元，占全球市场的 16.5%，预计在 2024 年市场价值将达到 4.905 亿美元，复合年均增长率为 14.2%。菌根是土壤真菌与植物根之间的一种共生的关系。涉及的植物包括玉米、胡萝卜、韭菜、土豆、大豆、其他豆类、番茄、辣椒、洋葱、大蒜、向日葵、草莓、柑橘、苹果、桃子、葡萄、棉花、咖啡、茶、可可、甘蔗、森林物种、野生植物，甚至杂草。菌根对植物营养，特别是磷的吸收有重要作用。它们有助于植物对静止元素（P、Zn、Cu）和流动元素（S、Ca、K、Fe、Mn、Cl、Br、N）的选择性吸收及对水分的吸收。已知施用菌根生物肥料通过不同的机制影响高等植物

①　资料来源：魔多情报分析。

对非生物胁迫（如干旱和盐碱）的响应，因此，其在世界范围内得到了广泛的应用。

2018 年，来自其他微生物肥料的市场价值为 6700 万美元，占全球市场的 4.7%。预计 2024 年市场价值将达到 1.305 亿美元，预测期间复合年均增长率为 12.4%。有许多潜在的重要细菌，它们作为农业生物肥料起着重要作用，如解淀粉芽孢杆菌和链霉菌等。解淀粉芽孢杆菌定殖于植物根际并刺激植物生长。还有木霉生物肥料也越来越多地用于多种作物，包括西红柿、玉米、大米、高粱、大豆和辣椒，极大地改善了植物生长、作物产量和营养质量。此外，对基于醋酸杆菌的生物肥料的全球需求也日益增长，该生物肥料能够在甘蔗植物的根、茎和叶中固定氮，并且在亚太地区被广泛使用。

伴随着农业生产快速增长，以及对农用化学品依赖的增加，我国肥料行业的一些痛点问题[①]。例如，普通化肥的恶性循环导致的土地板结、肥力下降、影响作物产量的问题；重金属的富集导致的土壤污染、水污染问题等的凸显，以及生产方式和农业科技水平的落后，由普通化肥带动的一系列的行业都受到了严重影响。而使用微生物作物保护产品则更绿色，具有更高的选择性和更低的毒性或无毒性，随着环保要求的提高，对微生物作物保护产品的需求不断增加。

2018 年我国微生物有机肥料市场价值为 1.427 亿美元，预计到 2024 年将达到 3.172 亿美元，复合年均增长率为 13.8%（图 7-9）。我国占亚太地区生物有机肥料市场的 8.4%。

根据瑞士有机农业研究所（FIBL）的调查，2017 年，我国的有机农作物种植面积为 300 万公顷，对生物肥料的需求为 1430 万吨，比 2016 年的 1220 万吨增加了 17.2%。我国政府正在鼓励使用生物肥料和有机肥料，以遏制过度使用化肥。但是，有机投入物的价格是传统肥料的 4 倍，这很可能会抑制我国有机肥料市场的发展。

由于畜牧业的发展，我国的堆肥产业正在增长，这可能有助于以较低的价格向农场提供本地制造的堆肥，从而促进我国有机肥料的使用。

2015 年底，我国累计批准颁发微生物肥料产品登记证 2398 个；截至 2020 年 5 月底，微生物肥料产品登记证为 7246 个，四年半的时间我国微生物肥料的产品登记数量快速上升，复合年均增长率达 27%（图 7-10）。其中微生物

---

① 资料来源：前瞻产业研究院。

菌剂产品登记量 3315 个，占 45.75%；生物有机肥产品登记数量 2205 个，占 30.43%；复合微生物肥料产品登记量 1399 个，占 19.31%。

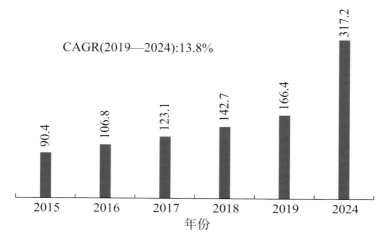

图 7-9　2015—2024 年中国微生物肥料市场价值（单位：百万美元）[1]

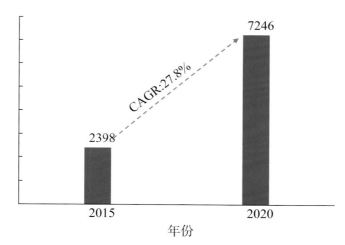

图 7-10　2015—2020 年我国微生物肥料种类登记数量变化（单位：个）[2]

　　目前，微生物肥料生产商的数量每年都在增长，一些较大的肥料制造商也已涉足该行业，但是，生产仍然是小规模的，在土壤改良剂的生产上并没有真正投入大笔资金。我国目前有 800 多家微生物肥料生产企业，年产量为 900 万吨，出口量为 20 万～30 万吨。根据我国原定的 2020 年化肥和农药使用零增长计划，

①　资料来源：前瞻产业研究院。
②　同上。

预计微生物产品将成为需求量很大的产品，这意味着增长潜力巨大，前景广阔。我国微生物肥料产业也已跨入科技创新最为迫切的时期，选育新功能菌种、研发新产品、拓展新功能是未来产业发展目标。正如一些专家指出的，我国目前应该加快确立以微生物肥料产业发展为目标和国家需求为导向，以源头创新与重点新产品创制为核心内容，以重点龙头企业为创新主体，产学研深度协同的科技创新发展格局。在技术产品的研发上，应集中力量突破微生物和生物功能物质筛选与评价、高密度高含量发酵与智能控制、新材料配套增效应用、功能菌与微生态因子互作机制及其调控、障碍因子生物修复等关键技术，研发应用高效稳定的绿色新产品。

7.1.4　微生物在主要农产品生产方面的应用状况

全球农业微生物市场中农产品主要分为谷物、油籽、水果和蔬菜三大类。其中水果和蔬菜是农业微生物农产品市场上应用最多的部分。

2018 年，谷物微生物市场价值为 2.015 亿美元，预计到 2024 年将达到 4.526 亿美元，预测期内复合年均增长率为 14.6%（图 7-11）。谷物和谷物基微生物市场仅占市场份额的 6.6%。在谷物和谷类作物领域中，微生物的主要农作物是水稻、小麦、棉花和玉米。当前，欧洲各国政府都鼓励在耕种中使用微生物，预计这将有助于增加微生物的利用。

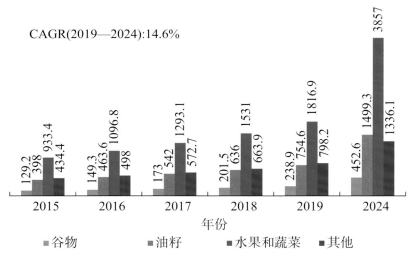

图 7-11　2015—2024 年全球农产品微生物市场收入（单位：百万美元）[①]

---

① 资料来源：魔多情报分析。

欧洲是世界上微生物产品最多的谷类作物产区，在市场上处于领先地位，微生物的采用率很高，因为它被视为是常规化学肥料和农作物保护产品的替代品。此外，随着微生物产品在重要谷类作物如玉米、小麦、水稻和大麦中的使用增加，微生物产品将拥有更大市场份额。

2018 年，油料种子市场的价值为 6.36 亿美元；预计到 2024 年，市场价值估计将达到 14.993 亿美元，复合年均增长率为 14.7%。目前，用于油料种子的农业微生物占据了 20.9% 的市场份额。在油料领域，利用微生物的主要农作物是大豆，占 70%。在全球范围内，大多数政府都鼓励使用农业微生物，特别是在油料种子领域。

然而，由于利用生物技术的意识低和价格高，产品仍未被广泛使用。北美和亚太地区的大型油料作物生产地是比较适应微生物产品应用的。作为作物综合管理的一部分，微生物越来越多地应用于大豆生产。此外，随着微生物在重要的油料作物（如大豆）中的使用增加，微生物的市场份额将增加。

2018 年，水果和蔬菜的农业微生物市场规模为 15.31 亿美元，预计到 2024 年将达到 38.57 亿美元，复合年均增长率为 16.2%。蔬菜部分包括草莓、西红柿等。美国、加拿大和墨西哥等国家是水果和蔬菜作物的主要生产国。在全球范围内，随着水果和蔬菜消费量的增加，以及对热带和外来水果和蔬菜的需求的增加，大多数政府都鼓励使用微生物，特别是在水果和蔬菜种植中。但是，目前这些产品仍未被广泛使用，主要是因为它们的知名度低、价格高。目前，微生物主要还是用于有机农业或仅限于价值较高的水果和蔬菜市场。

2018 年其他作物类型的农业微生物市场为 6.639 亿美元，预计到 2024 年将达到 13.361 亿美元，复合年均增长率为 10.9%。按作物应用，微生物占据了 21.8% 的市场份额。有专家指出，未来在诸如玉米、大豆、棉花和低芥酸菜籽等大面积农作物种植上存在着更多的机会。此外，随着重要作物如棉花和低芥酸菜籽中微生物的使用日益增加，这将意味着相同作物的更大市场份额。目前，欧洲使用微生物产品种植的谷物作物面积最大，在全球这一领域中处于领先地位。

7.2　微生物工业发展状况

随着微生物技术的快速发展，其在食品加工业、饮料生产、护肤品及化妆品加工业、生物能源产业中的应用越来越广泛。

7.2.1 微生物在食品加工业中的应用状况

微生物食品的产业化生产主要是以益生菌（Probiotics）为主，因为益生菌是一类对宿主有益的活性微生物，是定植于人体肠道、生殖系统内，能产生确切健康功效从而改善宿主微生态平衡、发挥对肠道有益作用的活性有益微生物的总称[①]。人体、动物体内有益的细菌或真菌主要有酪酸梭菌、乳酸菌、双歧杆菌、嗜酸乳杆菌、放线菌、酵母菌等。

益生菌对消化系统有众多健康益处，以及比食物和饮料更方便和有效，有越来越多的消费者开始大量消费益生菌补充剂以维持健康状况，从而降低医疗保健成本，因此对益生菌补充剂的需求正在不断增加。而制造商已经意识到益生菌补品的未来商机，因为它们不仅有助于消化健康，还能提高人体免疫功能，改善个人的特定健康问题。因此，制造商们正在通过掺入多种菌株来配制和生产益生菌补品，以便为消费者提供具有免疫功能的高品质产品（图 7-12）。

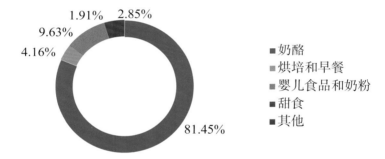

图 7-12 2016—2025 年全球不同益生菌食品所占益生菌食品市场份额[②]

随着消费者健康意识的提高，生活方式和消费方式发生了巨大变化。消费者要求产品必须明确标注其功能和规格，以便于监测和管理卡路里的摄入量，人们越来越偏爱低糖和低脂或无脂产品。同时，一些消化系统疾病，如食物耐受性或食物过敏、肠易激综合征和其他慢性疾病继续急剧上升，尽管人们对消化系统健康问题有了一定的了解，但消费者对肠道的复杂性及其在这些健康问题的上升中的真正作用了解甚少。基于这些因素，一些商家正在尝试开发各种不同口味的低脂和零脂益生菌酸奶，以扩大其客户群。

① 操银红.益生菌的作用机理及功能的研究进展 [J].食品科学与工艺研究, 2015(5): 39.
② 资料来源：魔多情报分析。

据统计，2019 年全球益生菌酸奶的市场收入为 130.9878 亿美元，预计到 2025 年将达到 179.4684 亿美元（图 7-13）。在全球范围内，益生菌是蓬勃发展的消化健康产品类别中的主要产品，目前几乎所有年龄段的人都以酸奶的形式食用益生菌。此外，素食主义的增长趋势推动了对无乳益生菌酸奶的需求。一些商家正在推出各种无乳益生菌酸奶，这些酸奶来自杏仁奶、豆浆、燕麦奶等。

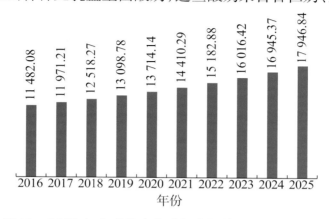

图 7-13　2016—2025 年全球益生菌酸奶市场收入（单位：百万美元）[①]

据统计，全球益生菌面包和早餐谷物市场在 2019 年的收入为 6.68 亿美元，预计到 2025 年将达到 10.87 亿美元，预测期间（2020—2025 年）复合年均增长率为 8.67%（图 7-14）。

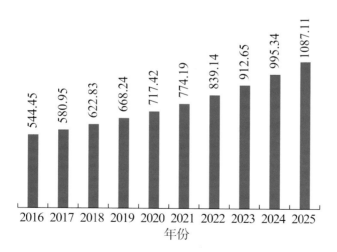

图 7-14　2016—2025 年全球益生菌面包和早餐谷物市场收入（单位：百万美元）[②]

---

①　资料来源：魔多情报分析。
②　同上。

烘焙食品已成为益生菌的可行载体。由于消费者倾向于益生菌强化的烘焙或谷类产品，如面包、蛋糕、饼干、燕麦片、煎饼混合物和小菜粉混合物等，因此，面包房及早餐市场的增长速度明显加快。此外，食品行业的从业者正在抓住这种趋势，与其他参与者合作开发含有益生菌的新产品，加强其市场定位。

据统计，全球益生菌婴儿食品和婴儿配方奶粉市场在 2019 年的收入为 15.4928 亿美元，预计到 2025 年将达到 24.9802 亿美元，复合年均增长率为 8.29%（图 7-15）。见证了婴儿配方奶粉的成功之后，注入了益生菌的婴儿食品在全球市场上越来越受欢迎。该领域的益生菌研究也在积极迎合一些商家生产差异化产品的需求，雀巢、拜奥和澳优等全球性公司在该领域进行了大量研究，以开发出更有益于婴幼儿健康的助消化和提高免疫的功能产品。在婴儿食品类别中，婴儿谷物食品占该细分市场的主要份额，这是由于该类别产品不断创新的结果。

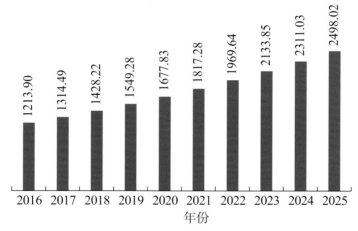

图 7-15 2016—2025 年全球益生菌婴儿食品和婴儿配方奶粉市场收入（单位：百万美元）[①]

2019 年，全球益生菌甜食市场的收入为 3.0752 亿美元，预计到 2025 年市场将达到 4.5343 亿美元，复合年均增长率为 6.85%（图 7-16）。甜食包括小吃、软糖、巧克力和糖果等。掺杂益生菌的甜食产品作为对胶囊和片剂的有效替代品，在全球市场上越来越受欢迎。因此，在其他细分市场的经营者正在将其产品范围扩展到糖果细分市场。

---

① 资料来源：魔多情报分析。

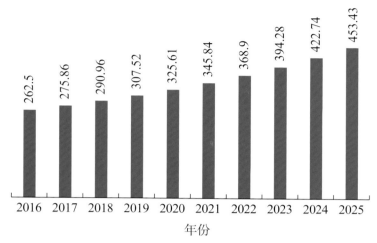

图 7-16　2016—2025 年全球益生菌甜食市场收入（单位：百万美元）①

2019 年，全球益生菌其他市场收入为 4.578 亿美元，预计到 2025 年将达到 6.5755 亿美元，复合年均增长率为 6.27%（图 7-17）。其他益生菌食品包括奶酪、豆豉、泡菜等。素食主义者通常更喜欢食用豆类和酸菜等产品作为益生菌的来源。随着素食主义者人口的增加，这一市场预计将在预测期内增长。豆豉由大豆发酵制成，它被认为是蛋白质和益生菌的素食来源，该类产品在印度尼西亚生产较多，目前在全球市场上被广泛接受为益生菌的来源，特别是在加拿大。

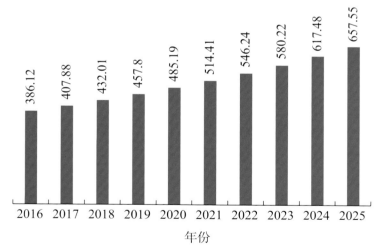

图 7-17　2016—2025 年全球益生菌其他市场收入（单位：百万美元）②

---

① 资料来源：魔多情报分析。
② 同上。

7.2.2 微生物在饮料生产中的应用状况

2019 年，全球主要类型益生菌饮料占益生菌饮料市场份额如图 7-18 所示。

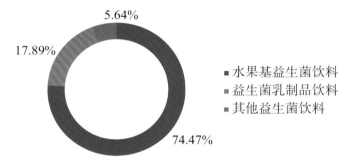

图 7-18 2019 年全球主要类型益生菌饮料占益生菌饮料市场份额①

2019 年全球益生菌水果饮料市场收入为 232.68 亿美元，预计到 2025 年将达到 392.70 亿美元，在预测期（2020—2025 年）复合年均增长率为 9.18%（图 7-19）。然而，消费者有时候也怀疑这些饮料在调节身体代谢方面的有效性，以及是否具有与产品标签上品牌所声称的相同的功效。因此，预计这些因素将在一定程度上抑制相关市场的成长。

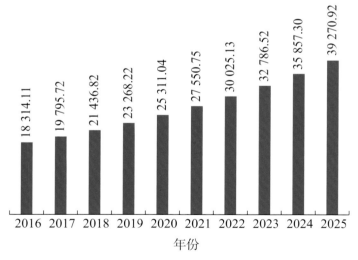

图 7-19 2016—2025 年全球益生菌水果饮料市场收入（单位：百万美元）②

---

① 资料来源：魔多情报分析。
② 同上。

随着消费者对含有益生菌的纯天然产品的需求日益增长，使得一些商家更热衷于开发真正的基于水果的益生菌饮料产品，并使得这一部分市场不断扩大。

如图 7-20 所示，2019 年全球益生菌乳制品饮料市场收入 54.45 亿美元，预计到 2025 年将达到 88.55 亿美元，在预测期（2020—2025 年）复合年均增长率为 8.48%。

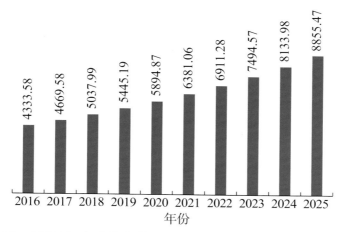

图 7-20　2016—2025 年全球益生菌乳制品饮料市场收入（单位：百万美元）[1]

如图 7-21 所示，2019 年全球其他益生菌饮料市场（如添加了益生菌的茶或者饮料）收入为 17.15 亿美元，预计到 2025 年将达到 32.24 亿美元，在预测期（2020—2025 年）复合年均增长率增长为 11.29%。

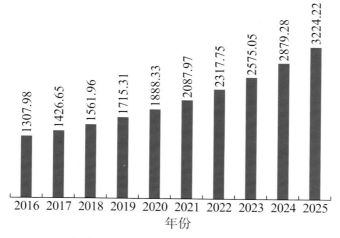

图 7-21　2016—2025 年全球其他益生菌饮料市场收入（单位：百万美元）[2]

---

① 资料来源：魔多情报分析。
② 同上。

生物乙醇最主要的消费行业也是食品饮料加工业。生物乙醇常被用于酒精饮料，如伏特加、白酒和其他烈酒的发酵过程，也是啤酒酿造和葡萄酒酿造中最理想的发酵产物之一，还作为一种天然产物被用来提取和浓缩香味。作为一种食品添加剂，乙醇可以帮助食用色素分配均匀，增强食品提取物的风味，它还可以用于制作蛋糕。

由于经济状况的改善，消费者在一些高端食品和饮料产品上的支出不断增加，这也导致了蛋糕等烘焙产品的销售增加。烘焙食品在美国扮演着重要的角色，在美国有超过 2800 家商业面包房和 6000 家零售面包房；英国是世界第十大烘焙市场，年零售额约为 36 亿英镑。我国的烘焙行业也进入了快速发展期，未来几年，预计我国将成为最大的烘焙食品生产国和消费国。总之，饮料和烘焙工业的增长预计将在未来几年增加食品和饮料应用的生物乙醇的需求。

7.2.3　微生物在护肤及化妆品加工业中的应用状况

目前，微生物在护肤化妆品行业也有越来越多的应用。如前所述，益生菌是指必须有活性、有足够数量，以及对人体产生有益的活性微生物，满足以上 3 项要求才能称为益生菌。益生菌护肤化妆品就是通过补充有益菌群，或者是采用可以促活有益菌群活性成分，进而达到两者平衡，从而达到改善肌肤、恢复肌肤健康的目的。

受益于渗透率持续提升、消费频次加快和消费金额加大，以及核心化妆人口的扩散等多重因素的影响，2019 年益生菌护肤化妆品行情持续高涨。2019 年 6 月开始国内化妆品增速超过 12%，2019 年度平均增速为 11.9%，而 2019 年社会消费品零售总额增长 8.0%。

2016 年，我国益生菌护肤化妆品行业产量明显增加，由需求端拉动供给端发展，一定程度上使化妆品行业的产销率上涨。2019 年，我国益生菌护肤化妆品产能达到 8.3 万吨，但实际产量只有 8 万吨（图 7-22），产能利用率约为 97.5%，2016 年以来，产能利用率呈下降趋势（图 7-23）。

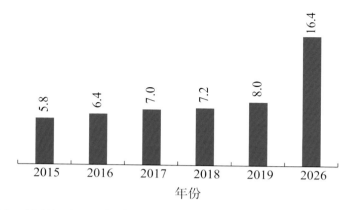

图 7-22 2015—2026 年我国益生菌护肤化妆品产量（单位：万吨）[1]

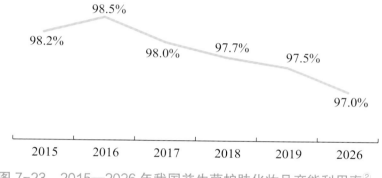

图 7-23 2015—2026 年我国益生菌护肤化妆品产能利用率[2]

2015—2019 年，我国益生菌护肤化妆品消费总体保持平稳增长态势。2019 年益生菌护肤化妆品消费总量达 7 万吨，相比 2018 年的 6.1 万吨增加了 0.9 万吨。2020 年益生菌护肤化妆品消费将继续保持稳中有长的趋势，但增速将有所放缓，预计 2026 年益生菌护肤化妆品消费总量将达到 14.3 万吨（图 7-24）。

生物乙醇在化妆品和个人护理用品生产中，常用作溶剂；在洗剂中，生物乙醇用作防腐剂并有助于确保洗剂成分不分离，它是许多化妆品和美容产品中的常用成分。乙醇的蒸发特性不仅为皮肤提供凉爽的感觉，还有助于快速递送物品（如聚合物），用于皮肤和身体护理及护发。另外，生物乙醇还用作香料和古龙水中发现的香料油的载体。与乙醇结合使用，水可改变香气的强度并易于使用，在发胶中有助于喷雾与头发黏合。此外，由于它具有杀死细菌、真菌

① 资料来源：中研普华产业研究院。
② 同上。

和病毒等微生物的良好性能，是许多洗手液中的常见成分。

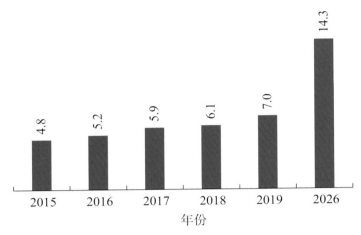

图 7-24 　2015—2026 年我国益生菌护肤化妆品表观消费量（单位：万吨）[1]

就化妆品和护肤品而言，我国正在成为全球最大的市场。在过去十年中，我国的美容行业增长了 5% 左右。化妆品和个人护理也是我国增长最快的行业之一。人口的持续增长是刺激个人护理需求的另一个因素，这在未来几年将进一步提高产品中对生物乙醇的需求，如乳液、发胶和消毒剂。另外，用于敏感皮肤的化妆品，以及天然或有机化妆品，近年来一直保持强劲的增长势头。2018—2023 年，我国的个人护理行业预计将实现 9.22% 的高复合增长率，这将会增加个人护理行业中生物乙醇的消费。

由于越来越多的人担心使用对羟基苯甲酸酯、有机硅等刺激性化学物质会造成严重的健康危害，因此，个人护理和化妆品行业正朝着生物基产品的方向快速发展。预期在不久的将来，个人护理产品中这种可持续原材料的使用仍将推动人们对生物乙醇的需求。

7.2.4　微生物在生物能源产业中的应用状况

自工业革命以来，随着生产力发展和科技进步，人类开发和利用自然能源的能力大幅提升，化石能源的大规模开采及使用对社会经济发展，尤其对工业化、城市化起到了重要推动作用，但人类与自然之间的关系也随之发生了根本性变化。随着工业经济的发展、人口的剧增、人类欲望的无限上升和对自然资源无节制地大规模开采，全球能源消费急剧增加。这不仅使世界能源供应面临

---

① 资料来源：中研普华产业研究院。

严重危机，而且二氧化碳的过度排放导致全球气候变暖，对人类社会的可持续发展构成严峻挑战。正是在这样的国际背景下，世界各国开始寻求以减少二氧化碳排放为目的的低碳经济发展模式。

目前，国际上将低碳经济定义为：以可持续发展理念为指导，通过技术创新、制度创新、产业转型、新能源与可再生能源开发等多种手段，尽量减少煤炭、石油、天然气等高碳能源的消耗，减少温室气体排放，遏制全球气候变暖，实现经济社会发展与生态环境保护"双赢"的一种经济发展形态。低碳经济是对传统经济发展模式的扬弃，是顺应时代发展潮流的一种全新的经济发展模式。世界各国已经达成共识，认为发展低碳经济是减少二氧化碳排放、延缓全球气候变暖、保护人类共同家园的一种有效途径。

能源作为国民经济发展的重要保障，其工业发展水平是国家综合实力的集中体现。世界上许多国家都把保障能源安全列为首要的国家战略目标，如俄罗斯、美国等国家都通过军事、政治等各种手段保障其国家能源的安全。我国能源安全的一个制约性因素是人口众多，导致能源资源的相对匮乏。

大量使用化石能源会造成严重的环境和生态问题。据调查数据显示，我国二氧化硫的排放量已经远远超出环境可以承载的程度，在全国监测的 338 个城市中，63.5% 的城市空气质量处于中度或严重污染状态。燃煤产生的氮氧化物会形成酸雨，在一定条件下，继北欧、北美之后，我国已成为世界第三大酸雨区，近 62% 的南方城市有酸雨，覆盖面积占近 30%，二氧化硫污染对我国的自然资源、生态系统和公共健康构成了严重威胁，造成巨大的经济损失，严重影响了国民经济和人们的正常生活。

汽车工业的快速发展导致对原油和天然气消费的大增，而全球原油和天然气消费的增加对环境造成了更多的负面影响，然而生物燃料，如生物乙醇，被认为是原油和天然气作为汽车工业燃料的成功替代品。过去 40 年的实践经验也表明，乙醇是减少汽车有害排放的有效替代品。由于乙醇是一种含有 35% 氧气的纯化合物，它燃烧起来比石油产品更清洁、更彻底。乙醇通过取代石油产品中的芳烃，有助于减少空气毒物、一氧化碳、尾气中的碳氢化合物的排放等。此外，汽车制造商正努力满足日益严格的燃油经济性标准，这导致了更高的压缩比发动机，需要更高的辛烷值燃料。

在美国，大多数汽车使用的燃料为 10% 乙醇（E10）的汽油和 15% 乙醇（E15）的柴油。澳大利亚的许多加油站也销售 E10，这比澳大利亚的普通汽油便宜。在印度，2017—2018 年，在乙醇混合汽油（EBP）计划下，150.5 亿升乙醇被混合到汽油中。该计划是于 2013 年 1 月由印度政府推出的。印度是能源消耗大国之一，2017—2018 年，乙醇混合油为印度节省了 69 亿美元，减少了 2994 万吨碳排放。

图 7-25 为 2016—2024 年全球用于生产生物乙醇的不同原料的产量。其中，甘蔗是世界上最常见的生物乙醇原料之一。在所有原料中，甘蔗生产的生物乙醇的能量效率最高。甘蔗乙醇是一种酒精燃料，由甘蔗汁和糖蜜发酵产生。由于甘蔗乙醇是一种清洁、负担得起、低碳的生物燃料，它已成为运输业的主要可再生燃料。与汽油相比，甘蔗乙醇可以减少 87% ~ 96% 的温室气体排放。目前，巴西是仅次于美国的第二大乙醇生产国。随着对生物乙醇需求量的逐渐增加，甘蔗用于生产生物乙醇的使用量预计将在预测期内继续增加。

玉米是生产乙醇最丰富的原料来源之一，因为它的产量丰富，而且相对容易转化为乙醇，是一种很好的生物燃料原料。此外，玉米乙醇的生产成本相对较低。燃料乙醇的商业化生产涉及将玉米中的淀粉分解成单糖，然后将这些糖发酵成酵母来获得乙醇，生产以玉米为原料的乙醇主要采用两种工艺包括湿磨和干磨。

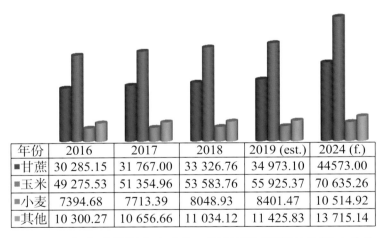

年份	2016	2017	2018	2019 (est.)	2024 (f.)
■甘蔗	30 285.15	31 767.00	33 326.76	34 973.10	44573.00
■玉米	49 275.53	51 354.96	53 583.76	55 925.37	70 635.26
■小麦	7394.68	7713.39	8048.93	8401.47	10 514.92
■其他	10 300.27	10 656.66	11 034.12	11 425.83	13 715.14

图 7-25　2016—2024 年全球用于生产生物乙醇的不同原料的产量（单位：百万升）[①]

小麦是生产生物乙醇的优良原料，适合于生产生物燃料的小麦粒大而饱满，蛋白质含量低，残留黏度低，无真菌污染。尽管在过去几十年里各种原料生产乙醇的技术得到了广泛的发展，但第二代乙醇的价格仍然很高。使用小麦将被

---

① 　资料来源：摩多情报分析。

证明是一种生产乙醇时成本效益更好的选择。

其他用于生物乙醇的原料包括棕榈油、山药或木薯、木质纤维素生物质和甜菜等。木薯被认为是生产乙醇的基础作物之一，而棕榈油和麻风树被用于生产生物柴油。木薯生长在许多温暖潮湿的热带气候国家。用木薯生产乙醇不会造成空气污染或任何环境危害。

甜菜、玉米、甘蔗渣对燃料生产有很多好处，就像生物油一样。但是利用甜菜获得的生物乙醇比玉米或甘蔗减少了温室气体（GHG）排放。甜菜是每公顷碳水化合物产量最高的植物之一，这使它成为生产乙醇的理想原料。

图 7-26 为 2016—2024 年全球生物乙醇在不同领域的消费量。从中可以看出生物乙醇在不同消费领域的市场规模是明显不同的，生物乙醇的消费主要是汽车和运输行业，而在餐饮饮料、制药、化妆品和个人护理领域也有一定的消费，但是这些消费量明显较少；在其他领域的消费，如发电和燃料电池的乙醇消费量也是较少的。

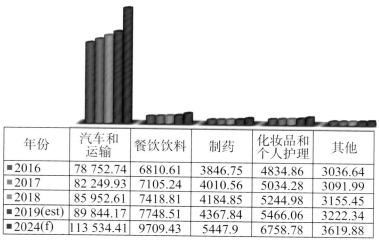

年份	汽车和运输	餐饮饮料	制药	化妆品和个人护理	其他
2016	78 752.74	6810.61	3846.75	4834.86	3036.64
2017	82 249.93	7105.24	4010.56	5034.28	3091.99
2018	85 952.61	7418.81	4184.85	5244.98	3155.45
2019(est)	89 844.17	7748.51	4367.84	5466.06	3222.34
2024(f)	113 534.41	9709.43	5447.9	6758.78	3619.88

图 7-26　2016—2024 年全球生物乙醇在不同领域的消费量（单位：百万升）①

源自甘蔗的乙醇是一种相对可持续的燃料，其直接排放量比汽油或柴油的排放量低 90%。自从汽车发明以来，特别是用火花点火发动机驱动的汽车发明以来，由生物质生产的乙醇就被认为是合适的汽车燃料。生物乙醇主要被用作运输的生物燃料，往往是在汽油中加入 5% 的生物乙醇，在某些国家为 10%。

① 资料来源：摩多情报分析。

迄今为止，生物乙醇是全球最常用的生物燃料，与常规汽油一起用于为公路车辆中的汽油发动机提供燃料。它也可以用于生产乙基叔丁基醚（ETBE），ETBE 是辛烷值的助推器，可用于多种类型的汽油中。

生物乙醇比生物柴油具有更长的商业历史和更大的市场。在世界范围内，使用乙醇作为汽车燃料的成分千差万别。目前，美国（使用玉米）和巴西（使用甘蔗）是最大的生物乙醇生产国，分别占全球产量的 63% 和 24%。

生物乙醇是许多地方工业规模发电的理想燃料选择。生物乙醇已经成为巴西新兴的低碳发电替代品。我国还建立了世界上第一个生物乙醇发电厂，该工厂利用甘蔗提炼的乙醇，拥有 87MW 的商业规模发电能力。

燃料电池是生物乙醇产生热量和动力的另一个潜在领域。燃料电池技术已作为一种替代能源，有利于提高能源效率、减少污染，并最小化我国对进口石油的依赖。

2001 年，我国开始使用乙醇作为燃料，消费不适合人类食用的陈年谷物。2017 年 9 月，我国政府宣布了一项立法，提议到 2020 年，在全国使用乙醇燃料。这一宣布符合巴黎协定，即通过减少碳排放和减少化石燃料的使用来控制全球碳水平。2017 年，我国的 E10 乙醇汽油（10% 的乙醇汽油）产量为 280 万吨。截至 2018 年底，产能达到 338 万吨 / 年，其中木薯（170 万吨）和玉米（145 万吨）占主导地位（图 7-27）。

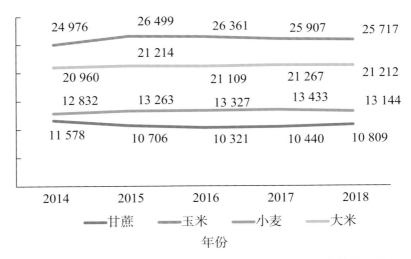

图 7-27　我国用于生产生物乙醇的主要食品的农业产量（单位：百吨）[①]

---

① 资料来源：中国国家统计局。

正如前所述，生物乙醇的使用量最大的领域涉及汽车和其他运输方式的燃料混合物。在亚太地区，我国拥有最多的乘用车数量，以及最多的现役道路车辆数量。因此，生物乙醇基燃料的消耗预计将不断增长。

2017 年，生物能源占我国能源总量的 1%。根据国际能源机构的估计，预计到 2040 年，生物能源的份额将增加到我国能源总量的 1.5%。

7.3　微生物医药产业的发展状况

7.3.1　总体概况

发酵工程制药，也被称为微生物工程制药，是根据微生物的特定功能，生产人类所需要的产品，或者在制药工艺中直接运用微生物，如在发酵工程中运用微生物的代谢生产药物，具有代表性的有抗生素、微生物药品等[①]。微生物药物包括具有抗微生物感染和抗肿瘤的作用的传统的抗生素，以及特异性酶抑制剂、免疫调节剂、受体拮抗剂、抗氧化剂等。医药上已应用的抗生素绝大多数来自微生物，如红霉素、林可霉素，注射用的青霉素、链霉素、庆大霉素等。微生物制药技术作为一项新兴的技术，在世界各国卫生医疗、环境保护等领域已经取得了卓越的成绩。欧美日等国和地区已不同程度地制订了用生物过程取代化学过程的战略计划。胰岛素、氨基酸、牛痘等都是微生物制药技术成熟发展的产物。

21 世纪初，宝曲这一科研成果成为利用微生物制药成功的典范，尤其是在心脑血管领域占有举足轻重的地位。现代社会以追求绿色高质量、可持续发展为目标，随着能源日益稀缺传统医药发展瓶颈日趋严重，微生物制药将在医疗领域发挥重大作用。为建立全球性的生产与销售网络，最大限度地降低成本，也为了获取新药或是直接掌握新技术，生物技术公司之间、生物技术公司与大型制药企业及大型制药企业之间在全球范围内的兼并重组非常活跃。

全球范围内生物医药行业的并购和重组热潮，大幅提高了发达国家及跨国公司抢占市场、垄断技术、获取超额利润的能力。因为生物医药产业具有高投入、高收益、高风险、长周期的特征，尤其是需要高额投入作为产业进入和持续发展的条件。

伴随着国际科技创新竞争的日益激烈，国际大型药企对科研投入也越

---

① 王腾飞. 常见生物制药技术及其在制药工艺中的实际作用 [J]. 生物化工，2019(5): 19–21.

来越重视、越理性。目前，全球大型制药公司研发投入占销售额的比一般为9%~18%，而知名生物技术公司的研发投入占销售额的比则在20%以上，对于纯粹的生物技术公司（不涉及化学药），研发投入比更大。据欧盟委员会公布的2019年全球企业研发投入（R&D）排行榜，共有13家制药企业排名居全球企业研发投入排行榜前50位，瑞士罗氏、诺华及美国强生、默沙东4家制药巨头进入全球企业研发投入排行榜前14位。虽然生物技术制药相比化学药品起步较晚，但近年来却受全球药企热捧，成为研发企业和投资者竞相争夺的新标。

20世纪90年代以来，全球生物药品销售额以年均30%以上的速度增长，大幅高于全球医药行业（年均不到10%）的增长速度。生物技术药品数量的迅速增加表明了全球生物医药产业的快速增长，这也表明了生物医药产业正在快速从最具发展潜力的高技术产业向高技术支柱产业发展。近20年来，我国以基因工程、细胞工程、酶工程及发酵工程为代表的现代生物技术迅猛发展，人类基因组计划等重大技术相继取得突破，生物医药产业化进程明显加快。

我国生物医药产业从20世纪80年代开始发展，在1993年取得了第一个突破，"十一五"期间我国逐步形成了长江三角洲、珠江三角洲和京津冀地区3个综合性生物产业基地，到"十三五"期间国家已将生物医药行业作为国民经济的支柱产业大力发展。生物医药行业已经成为我国一个具有极强生命力和成长性的新兴产业，也是医药行业中最具投资价值的子行业之一。随着行业整体技术水平的提升，以及整个医药行业的快速发展，生物医药行业仍具备较大的发展空间。

中国生物医药市场从2013年占中国整体医药市场的8.7%增至2017年的15.3%。据国家统计局的数据显示，2017年，中国生物医药行业市场规模为2185亿元，2018年中国生物医药行业市场规模为3554亿元[①]。

7.3.2　微生物在医用乙醇生产中的应用

生物乙醇在制药工业中有广泛的用途。它在医疗产品中可被用作治疗皮肤疾病、中和疼痛和治疗中毒的成分，也可被用于药丸、提取物、酊剂和其他一些药物的生产，还被广泛用作药物制剂中的溶剂和防腐剂。75%的医用酒精可用于日常用品、家庭用具、易感染部位的消毒，95%的医用酒精可用于医疗器

① 资料来源：永赢新三板、国家统计局、东海证券研究所。

械的消毒等。

根据国际贸易协会的数据，随着制药需求的增加，对生物乙醇的需求将增加。此外，我国国内市场正期待着增加出口，国际公司也在寻找机会投资和进入规模庞大、资金充足的医疗体系。人口老龄化和医疗保健的广泛普及也将进一步推动对生物乙醇的需求。

基于我国酒精生产过程中原料结构的相对单一性（玉米占原料的近70%），其供应不足的问题严重制约了企业的发展。随着玉米深加工产业的发展，玉米消耗大幅增加，导致原料市场供应紧张和价格上涨，也极大地增加了酒精企业的成本压力。

7.3.3　微生物在疫苗生产中的应用

微生物疫苗包括灭活疫苗、减毒活疫苗、亚单位疫苗、活载体疫苗、核酸疫苗、植物疫苗、治疗性疫苗。安全、有效、实用的疫苗利于机体获得某种特异性抵抗力，从而达到或治疗某种疾病，对人类健康有着重大意义。

细菌感染可通过免疫预防，因此免疫至关重要。免疫接种是预防严重病毒感染的一项重要技术。免疫是通过在体内接种对同一病毒有免疫力的疫苗来实现的。此外，免疫接种还有助于预防可能导致当地社区大规模暴发的流行病。

以水痘活疫苗市场为例，中国和巴西是全球利润最为丰厚的投资市场。2018 年，中国贡献了 17 552 万美元，预计到 2026 年将达到 3.43 亿美元，在预测期（2018—2026 年）复合年均增长率为 8.7%。巴西在 2018 年贡献了 9035万美元，预计在 2026 年将达到 1.7205 亿美元。免疫意识的提高促进了这些地区水痘活疫苗市场的增长。此外，政府积极参与免疫计划是推动这些国家市场增长的另一个因素，提高对使用水痘活疫苗的认识、政府的积极举措和确保免疫接种的持续努力促进了全球水痘活疫苗市场的增长。

新兴经济体的高速增长为水痘活疫苗供应商扩大业务提供了有利可图的机会。不断发展的生命科学产业推动了印度、中国等发展中经济体的市场增长。亚太和拉美的发展中国家具有很高的市场潜力，因为这些地方人口众多，病毒暴发可能导致有害影响。因此，上述因素有望为发展中国家的市场增长提供机会。

如图 7-28 所示，中国水痘活疫苗市场在 2018 年收入 1.755 亿美元，预计到 2026 年将达到 3.43 亿美元。中国市场规模和预测中，单价水痘疫苗市场贡献最大，2018 年约 1.15 亿美元，预计到 2026 年将达到约 2.30 亿美元。到 2026 年，组合水痘疫苗市场规模估计将达到约 1.13 亿美元。

如图 7-29 所示，2018 年，全球脑膜炎球菌疫苗市场收入为 19.356 亿美元。2018 年结合型脑膜炎球菌疫苗是脑膜炎球菌市场上贡献最大的疫苗，约占 9.38 亿美元，预计到 2026 年将达到约 21.36 亿美元，在预测期（2018—2024 年）复合年均增长率为 10.2%。到 2026 年，多糖脑膜炎球菌疫苗预计将达到约 11.53 亿美元，复合年增长率为 9.9%（图 7-29）。

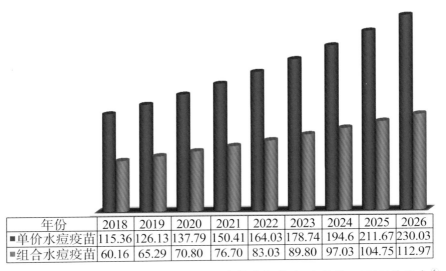

年份	2018	2019	2020	2021	2022	2023	2024	2025	2026
■单价水痘疫苗	115.36	126.13	137.79	150.41	164.03	178.74	194.6	211.67	230.03
■组合水痘疫苗	60.16	65.29	70.80	76.70	83.03	89.80	97.03	104.75	112.97

图 7-28　2018—2026 年中国水痘活疫苗市场收入（单位：百万美元）[1]

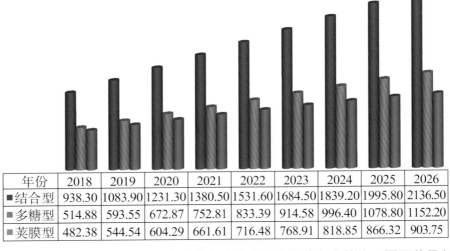

年份	2018	2019	2020	2021	2022	2023	2024	2025	2026
■结合型	938.30	1083.90	1231.30	1380.50	1531.60	1684.50	1839.20	1995.80	2136.50
■多糖型	514.88	593.55	672.87	752.81	833.39	914.58	996.40	1078.80	1152.20
■荚膜型	482.38	544.54	604.29	661.61	716.48	768.91	818.85	866.32	903.75

图 7-29　2018—2026 年全球脑膜炎球菌疫苗市场收入（单位：百万美元）[2]

---

①　资料来源：联合市场研究 (AMR) 分析。
②　同上。

2018 年，中国脑膜炎球菌疫苗市场价值为 458 万美元，预计到 2026 年将达到 1206 万美元。多糖脑膜炎球菌疫苗是最大的收入贡献者，2018 年为 415 万美元，预计到 2026 年将达到 1100 万美元。到 2026 年，结合型脑膜炎球菌疫苗部分预计将达到 106 万美元（表 7-1）。

表 7-1　2018—2026 年中国脑膜炎球菌疫苗市场价值（单位：百万美元）①

年份	2018	2019	2020	2021	2022	2023	2024	2025	2026	CAGR
结合型	0.43	0.51	0.59	0.67	0.75	0.83	0.91	0.99	1.06	10.90%
多糖型	4.15	4.93	5.75	6.6	7.47	8.4	9.27	10.18	11.00	12.20%
共计	4.58	5.44	6.34	7.27	8.22	9.19	10.18	10.18	12.06	12.00%

2018 年全球疫苗市场规模约 305 亿美元，在所有治疗领域中居第 4 位，市场份额约 3.5%（图 7-30）。伴随着更多的新型疫苗及多价多联疫苗陆续上市，未来全球疫苗市场的增长潜力较大。据预测，2024 年全球市场规模将达到 448 亿美元，复合年均增长率为 6.6%，增长潜力较大。

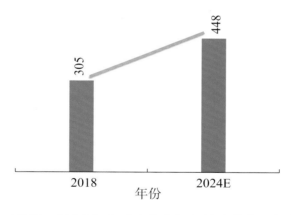

图 7-30　2018—2024 年全球疫苗市场规模（单位：亿美元）②

前十大重磅疫苗均为新型疫苗与多价多联疫苗。其中肺炎疫苗系列、HPV 疫苗系列、DTaP 及其联苗系列、麻腮风、水痘带状疱疹疫苗系列、口服轮状病毒疫苗系列等往往是盛产重磅品种的摇篮。2018 年及 2019 年，GSK 的新型重组带状疱疹病毒疫苗在上市后的两个完整年度内分别实现销售额 10.47 亿美元、23.38 亿美元，展现出新型疫苗放量的暴发性；默沙东公司生产的 HPV 疫

---

① 资料来源：联合市场研究 (AMR) 分析。
② 资料来源：中研普华产业研究院。

苗分别实现销售额 31.51 亿美元、37.37 亿美元，分别同比增长 36.5%、18.6%，大幅增长的主要驱动力来源于在中国大陆上市后其销售额实现了快速增长。

中国是疫苗消费大国，每年疫苗预防接种达 10 亿剂次。我国开发的疫苗品种大多为单价疫苗、减毒活疫苗等传统疫苗，而国外上市的疫苗多以联苗、灭活等新型疫苗为主。

2020 年 8 月，中国食品药品鉴定研究院（简称中检院）合计批签发量为 4959.92 万剂，同比下降 19.15%，环比下降 10.54%。其中一类苗批签发量为 2420.11 万剂，占 8 月批签发量的 48.80%，较 7 月份占比下降了 7.50 个百分点。二类苗批签发量为 2539.81 万剂，占 8 月批签发量的 51.20%，较 7 月份占比上升了 7.50 个百分点。

1—8 月，中检院合计批签发量为 3.84 亿剂，同比增长 13.61%。在经历了 2018 年"长生生物事件"后，疫苗批签发量从 2018 年第三季度开始迅速下降，并一直持续到 2019 年上半年，整个 2018 年批签发量同比下降 9.71%，从 2019 年第三季度开始出现恢复性增长。

表 7-2 为我国常见的微生物疫苗 2020 年 8 月及 1—8 月的签发及增长情况。

表 7-2　我国常见疫苗 2020 年 8 月及 1—8 月的签发量和增长情况

疫苗种类	8 月签发量 / 万剂	同比变化	1—8 月签发量 / 万剂	同比变化
HPV 疫苗	93.2	37.90%	791.74	50.44%
肺炎疫苗（PCV-13）	130.50	82.26%	566.67	96.66%
Hib 相关多联苗（五联苗）	—	—	439.2	37.35%
轮状病毒疫苗	131.97	162.89%	559.42	40.91%
乙肝疫苗	306.17	−37.55%	3527.81	−20.98%
脊髓灰质炎疫苗	500.55	−22.90%	4274.41	−59.83%
水痘疫苗	142.01	−41.40%	1631.53	−44.90%
狂犬疫苗	522.06	10.37%	4851.62	35.28%

新冠肺炎疫苗的五条技术路线分别为全病毒灭活疫苗、基因工程亚单位疫苗、腺病毒载体疫苗、减毒流感病毒载体疫苗、核酸疫苗，应急研发的新冠肺炎疫苗均已推进到临床试验阶段。

在 2020 年 9 月 5—9 日的我国国际服务贸易交易会上，在公共卫生防疫专题展区参展的国药集团中国生物拿出承研的两款新冠灭活疫苗以主咖身份首次惊艳亮相，引来全场关注。两个疫苗生产车间年产能合计可达 3 亿剂，且参展的两款新冠灭活疫苗目前均已进入最后的Ⅲ期临床试验阶段，正在阿联酋、巴林、秘鲁、摩洛哥、阿根廷等国家和地区紧锣密鼓地展开。入组接种 5 万人、样本人群现已覆盖 115 个国家，各方面进展均全球领先。

2020 年 9 月，由厦门大学夏宁邵教授团队、香港大学陈鸿霖教授团队和北京万泰生物药业股份有限公司共同研发的鼻喷新冠肺炎疫苗，成功通过了国家药品监督管理局的应急审批，获准开展临床试验。

2020 年 12 月 31 日，国务院联防联控机制发布，国药集团中国生物新冠灭活疫苗已获得国家药监局批准附条件上市，该疫苗的中和抗体阳转率达到 99.52%，保护效力为 79.34%，实现了安全性、有效性、可及性、可负担性的统一，达到世界卫生组织及国家药监局相关标准要求。这一成果为全球战胜疫情注入信心，也为疫苗成为全球公共产品提供有力支撑。

2021 年 2 月 5 日，国家药品监督管理局附条件批准北京科兴中维生物技术有限公司的新型冠状病毒灭活疫苗（Vero 细胞）注册申请。该疫苗适用于预防新型冠状病毒感染所致的疾病。

在新冠肺炎疫情防控期间，国家药监局组织开展疫情防控用药用械集中整治，积极推动新冠病毒疫苗研发上市，做好新冠肺炎治疗药物和医用防护医疗器械应急审批。截至 2021 年 2 月 19 日，国家药监局披露，已附条件批准我国 2 个新冠病毒疫苗上市，应急批准 16 个疫苗品种开展临床试验，其中 6 个疫苗品种已开展Ⅲ期临床试验。

7.3.4　人类微生物组测序市场的发展趋势

人类微生物组（Human Microbiome）是指生活在人体上的互生互营、共生和致病的所有微生物集合及其遗传物质总和。近年来，人类微生物组研究受到广泛关注，对微生物组的认识从"影响人类健康和疾病"转变为"将人类微生物组视作一个人体器官"。

整个微生物组产业的进步极大地促进了广泛的研究，从而产生了与人类微生物组测序有关的应用。当前，通过提供人类生物学和医学领域的研究成果，人类微生物组的研究正发挥着前所未有的作用。随着测序技术的出现，人们对微生物组对生理、营养和免疫系统的影响等有了深刻的理解。人类微生物组测序市场为利用测序技术满足各种学科的特定需求提供了巨大的机会。

全球人类微生物组测序市场（按应用划分）细分为疾病诊断、药物发现、消费者健康、组学分析和其他应用，其中以疾病诊断为主导。截至 2018 年，疾病诊断占据 41.95% 的主要份额（图 7-31）。该部分的增长可以归因于胃肠道疾病、代谢性疾病和癌症等在世界范围内的流行。

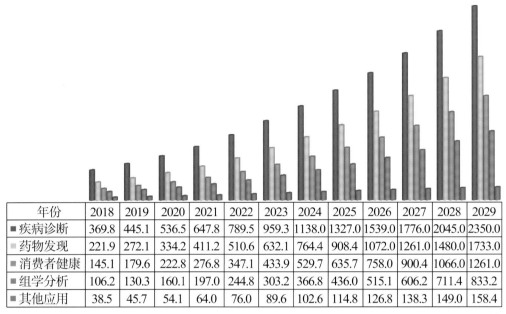

年份	2018	2019	2020	2021	2022	2023	2024	2025	2026	2027	2028	2029
■ 疾病诊断	369.8	445.1	536.5	647.8	789.5	959.3	1138.0	1327.0	1539.0	1776.0	2045.0	2350.0
■ 药物发现	221.9	272.1	334.2	411.2	510.6	632.1	764.4	908.4	1072.0	1261.0	1480.0	1733.0
■ 消费者健康	145.1	179.6	222.8	276.8	347.1	433.9	529.7	635.7	758.0	900.4	1066.0	1261.0
■ 组学分析	106.2	130.3	160.1	197.0	244.8	303.2	366.8	436.0	515.1	606.2	711.4	833.2
■ 其他应用	38.5	45.7	54.1	64.0	76.0	89.6	102.6	114.8	126.8	138.3	149.0	158.4

图 7-31　2018—2029 年全球人类微生物组测序市场收入（单位：百万美元）[①]

　　疾病诊断应用包括满足全球人类微生物组测序市场的大量潜在应用。这些工具包括广泛用途的诊断工具，如胃肠道疾病、代谢疾病、肿瘤、传染病、神经病和其他疾病（图 7-32）。截至 2018 年，全球人类微生物组测序（通过疾病诊断）以胃肠道疾病为主，市场份额为 41.27%。这主要归因于测序技术的进步及计算能力的提升，进一步允许对肠道微生物组与人类生理之间的关系进行广泛的分析。但是，神经病部分预计将表现出最快的复合年均增长率，在 2019—2029 年的预测期内增长 20.51%。

　　胃肠道疾病是世界范围内公认的人类健康疾病之一。这些疾病包括艰难梭菌感染、肠易激病、炎症性肠病（IBD）、肛周感染和溃疡性结肠炎等。对与胃肠道疾病有关的复杂性的准确理解直接促进了通过微生物组测序进行精确诊断的出现。截至 2018 年，全球人类微生物组测序市场胃肠道疾病市场价值为 1.526 亿美元，2029 年的市场将达到 8.928 亿美元，预计在 2019—2029 年预测期间的复合年均增长率为 17.22%。增长主要归因于微生物组分析领域的新进展以及与胃肠道疾病有关的研究进展。此外，胃肠道疾病细分市场是整个微生

---

① 资料来源：专家观点和 BIS 研究分析。

物组行业的主要研究领域，许多公司都在这一领域开展工作。

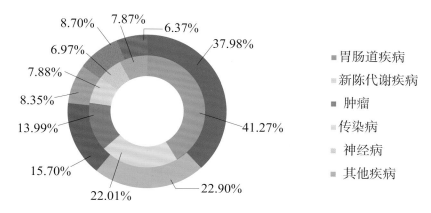

图 7-32　2018 年和 2029 年全球人类微生物组测序市场份额（按疾病诊断）
（内圈为 2018 年，外圈为 2029 年）①

代谢性疾病是全球范围内对人类健康最普遍的威胁之一，因此，在医疗保健领域引起了重大关注。多年来，糖尿病和肥胖症的患病率呈上升趋势。根据世界卫生组织（WHO）和全球健康观察站提供的数据显示，2010 年，美国成人肥胖症的比例为 32.3%，到 2016 年增加到 36.2%。为了应对糖尿病和肥胖症等代谢性疾病的高流行，研究人员正在阐明糖尿病的潜在原因和个性化作用，以及人类微生物群在代谢性疾病中的表现。

截至 2018 年，全球人类微生物组测序市场（按代谢疾病分类）价值为8140 万美元，预计到 2029 年的价值为 5.383 亿美元，在 2019—2029 年的预测期间，复合年均增长率为 18.54%。增长归因于对微生物基因组测序及公司开发基于微生物组的新型疗法的协同活动的参与，对代谢性疾病研究的关注度不断提高。近年来，研究人员对肠道微生物组在代谢性疾病表现中的作用产生了浓厚的兴趣。微生物 DNA 测序技术的进步已导致全基因组测序（WGS）技术在人类微生物组宏基因组分析中的广泛应用。

对癌症形成的复杂性的有效理解及对这一领域的兴趣的增长，推动了精确癌症护理新时代的出现，通过对人类微生物群异质性的分析可以提供量身定制的治疗选择。人体微生物区系的失衡，被称为营养不良，与包括癌症在内的复杂疾病的发生和发展直接相关。通过使用高通量技术的微生物组测序，可以有效地研究宿主－微生物组相互作用在癌症表现中的作用，从而大幅提升癌症的

①　资料来源：专家观点和 BIS 研究分析。

诊断和治疗，扩大了肿瘤学领域的精确治疗。通过整合高通量测序数据，生物信息学和临床知识的策略，人类微生物组研究从精密医学的角度扩展了针对肿瘤学的个性化治疗的视野。此外，癌症的发病率增加是全球关注的问题，人们正在尝试使用人类微生物组测序来分析癌症遗传学，试图理解宿主细胞与微生物组的相互作用，以预测癌症风险并开发微生物定向疗法。

2018 年全球癌症诊疗市场价值为 5170 万美元，预计到 2029 年将达到 3.691 亿美元。微生物组测序的高采用率，尤其是在发达经济体中，再加上全世界不同类型癌症的高发率，是增加全球人类微生物组测序市场中肿瘤学领域增长的关键因素。此外，大公司还通过合并协同活动来开展各种研究活动，以扩展业务，这也极大地支持了市场增长。

传染病是全球范围内最公认的人类健康威胁之一。传染病包括流行性感冒、普通感冒、结核病、肝炎和由病原体引起的几种皮肤疾病。随着微生物测序技术的出现，传染病领域正在发生范式转变。临床基因组学包括宏基因组学和代谢组学，在传染病诊断和公共卫生中发挥着重要作用。

2018 年传染病治疗的市场价值为 2910 万美元，预计到 2029 年将达到 1.963 亿美元。在 2019—2029 年的预测期间的复合年均增长率为 18.73%。

全世界的多项研究有助于确定肠道菌群的动态改变具有改变大脑生理和行为的能力。越来越明显的是，包括肠道菌群在内的非神经系统因素主要调节和影响认知功能障碍，包括神经变性。肠道微生物组释放出的代谢物会进一步触发炎症，并刺激中枢神经系统（CNS），从而极大地导致神经系统疾病，包括抑郁症、焦虑症、帕金森氏综合征、阿尔茨海默氏病和自闭症等。在过去的几年中，微生物组研究一直集中在研究人类微生物组对神经系统疾病的影响，以及微生物菌群 – 肠脑轴的操纵。与微生物组对心理健康的影响相关研究的复杂性仍处于起步阶段。

2018 年神经疾病子类别市场规模为 2580 万美元，预计到 2029 年将达到 2.045 亿美元，在 2019—2029 年的预测期内的复合年均增长率为 20.51%。在全球人类微生物组测序市场的疾病诊断领域，神经疾病子类别有望保持最高的增长率。这主要归因于通过微生物组测序来研究微生物组对神经系统疾病表现的、影响的、研究活动的不断发展，以及针对该疾病实施的发展策略、精神药物的设计，对全球人类微生物组测序市场的增长产生积极影响。

除了前面提到的在人类微生物组测序市场上用于其他疾病领域的应用之外，微生物组测序技术在妇女健康和骨骼健康中的应用也日益受到关注。2018

年市场价值为 2910 万美元，预计到 2029 年将达到 1.497 亿美元。在 2019—2029 年的预测期间的复合年均增长率为 15.78%。在人类微生物组测序的范围内，妇女的健康一直是至关重要的课题。微生物组测序可用于表征阴道微生物组，以了解其对女性疾病表现的影响。阴道微生物组测序为临床医生提供了切实可行的见解，可为遭受阴道感染、早产和性传播疾病的妇女提供具体治疗方法。

　　另外，微生物组测序在骨骼健康中的应用相对比较合适。通过测序技术对肠道健康进行广泛研究，以了解微生物组对与骨相关的疾病（如骨关节炎和骨质疏松症）的影响。但是，与微生物组在调节骨骼健康中的作用有关的知识差距很大。这种差距与人类微生物组测序的新生应用有关，预计在未来几年中其他疾病应用的市场也会增加。

　　2018 年，中国人类微生物组测序市场价值为 3770 万美元，预计到 2029 年将达到 2.827 亿美元（图 7-33）。由于与西方国家的激烈竞争，中国组织亚太地区所有重大精密医学计划，并将基因组学作为"十三五"规划的重点。作为第一步，中国计划建立一个来自中国和国际人群的基因组数据库。

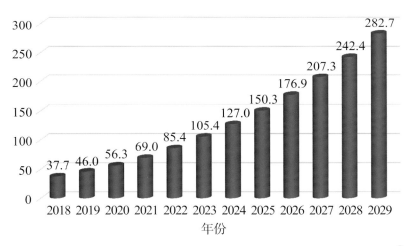

图 7-33　中国人类微生物组测序市场收入（单位：百万美元）[1]

　　截至 2017 年，北京基因组研究所牵头通过总部位于深圳的中国国家基因库，已将 8000 万个物种的 5 亿个基因序列存储在 40 多个数据库中。在政府的大力支持下，这些举措在推动中国基因组学发展的过程中发挥了重要作用，使得我国成为全球精密药物市场中增长最快的经济体之一。中国市场的增长主要归功于大型公司对中国市场的高度关注和投入。

───────────────

[1]　资料来源：专家观点和 BIS 研究分析。

第 8 章

结论与展望

内容提要

微生物作为地球上进化历史最长、生物量最大、生物多样性最丰富的生命形式，推动着地球化学物质循环，影响着人类健康乃至地球生态系统。近年来，随着基因编辑、合成生物、生命组学、单细胞操作等新兴技术的迅速发展，长期制约微生物研究与资源开发的瓶颈正在被打破，微生物技术正广泛渗透到医药、农业、能源、工业、环保等领域，是破解人类健康、环境生态、资源瓶颈、粮食保障等重大问题的重要路径，微生物研究已成为新一轮科技革命的战略高地。

8.1　结论

8.1.1　全球主要国家高度重视微生物产业，纷纷出台政策支持强力推动发展

全球主要经济体纷纷将微生物产业定位为战略性新兴产业，并制定相关产业政策规划促进微生物产业发展，微生物技术在社会经济中的地位不断凸显，微生物技术和微生物产业日益成为新一轮科技革命和产业变革的核心。自 2000 年以来，全球已有多个国家、地区及国际组织制定了微生物资源开发与产业发展的相关战略规划和政策措施，将生物经济作为实现高质量发展和绿色发展的重要驱动力，旨在促使各国向更多使用可再生资源的经济形态转变。美国国立卫生研究院早在 2007 年就投入了 2 亿美元启动了庞大的人类微生物组计划，由此带动了全球对微生物组的研究热潮。微生物组蕴藏着极为丰富的微生物资源，是工农业生产、医药卫生和环境保护等领域的核心资源，利用高通量测序和质谱鉴定等技术可对微生物组进行研究，微生物组学已成为新一轮科技革命的战略前沿领域。

美国、欧盟等都高度重视转基因微生物产品安全，对食品、药品中涉及的致病微生物、微生物成分（如酵母菌等有益元素）进行严格监控，监控体系从宏观到具体形成了基本法规、执行措施（包括微生物标准）和指导文件 3 个层次的监控法规框架体系，并制定详细的实施指南。近些年为鼓励创新，美国对转基因微生物技术逐渐松绑，但是针对食品、药品中不合格微生物成分、致病微生物污染等问题加大了处罚力度，产品召回的数量日益增多。

2007 年以来，我国对于微生物科技创新也相继出台了多项支持政策，以加快微生物在农业、食品和药物领域应用和产业化的重点部署。"十二五"期间通过国家高技术研究发展计划（863 计划）和国家重点基础研究发展计划（973 计划）布局了合成生物学、工业微生物基因组及分子改造和固体发酵工艺系统优化等重大项目。"十三五"期间通过重点研发计划重点专项布局了人体微生物等研究项目，先后批准建立了相关微生物国家重点实验室和微生物数据中心，同时加强对转基因微生物安全、医疗器械微生物检验、食品药品微生物安全等方面的严格监管。

随着微生物技术在食品、医药、农业和环境等各个领域的应用日益广泛，微生物技术领域正在迅速发展。但现代微生物技术及其产生的转基因生物体在

给人类带来巨大收益的同时，可能也会给人类带来严重的危害，引发生物安全问题。尤其是微生物全球安全形势正在发生深刻变革，传统与新型生物威胁模式暗流叠加，新发突发传染病疫情不断出现，生物技术发展带来的双刃剑效应与风险加大，人类遗传资源流失和剽窃现象持续隐形存在，由此对人类未来发展提出了更多挑战。

8.1.2　中美两国在专利微生物菌种保藏量上均处于领先地位，但在产业化方面差距明显

2010 年以来全球微生物菌种保藏量持续增长，2018 年以来微生物菌种发放量高速增长。截至 2019 年底，全球 26 个国家的 47 个国际保藏单位共保藏专利微生物 52 341 株，发放 134 506 株。专利微生物的保藏一直处于稳定增长中。2010—2016 年，每年专利菌种发放量在 11 000 株以上；2017—2018 年，发放量略有下降；2019 年发放量急剧上升并突破 20 000 株达到 24 995 株。中、美两国在专利微生物菌种保藏量上处于领先地位，两国合计占全球专利微生物菌种保藏量的 71.43%。美国共计发放专利微生物菌种 128 574 株，占全球发放量的 95.59%。美国在菌种发放量上处于垄断地位，美国的专利法对美国生物技术的开发和利用起到积极促进作用。

从国际保藏单位情况看，中国 CGMCC 保藏专利微生物 15 738 株，占全球菌种保藏量的 30.07%，保藏量居全球第 1 位；其次是中国 CCTCC，保藏 9904 株，占全球保藏量的 18.92%，居全球第 2 位；美国 ATCC 以保藏 9001 株专利微生物居第 3 位，占全球保藏量的 17.20%。从 TOP10 保藏机构的年度保藏趋势可以看出，2010 年中国 CGMCC 的菌种保藏量首次超过美国的 ATCC，之后保藏量一直处于首位；中国的 CCTCC 在 2015 年后跃升到保藏量第 2 位，之后仍保持持续增长的态势；美国的 ATCC 年度新增保藏量维持在 1000 株左右。截至 2019 年底，47 个国际保藏单位共发放专利微生物 134 506 株，美国 ATCC 菌种发放量为 124 794 株，占全球菌种发放量的 92.78%，发放量居于全球第 1 位。ATCC 的菌种发放量占绝对优势，中国的 CCTCC 和 CGMCC 在保藏量上居于优先地位，但发放量较低，菌种利用度不高。

8.1.3　世界主要国家普遍重视微生物基础研究，旨在促进提高维护人类健康的能力与水平

世界主要国家普遍重视微生物基础研究，发文量持续增长。2010—2019 年，

全球微生物领域共发表基础研究论文 612 188 篇，发文量最多的是美国（占全球发文总量的 28.21%）；其次是中国（占 18.61%）；德国、英国、日本、法国、印度、西班牙、韩国、加拿大等也是这一领域的主要国家。发文量排名居前 25 位的机构中，包含 13 家美国机构、4 家中国机构、4 家法国机构，以及英国、西班牙、德国和巴西机构各 1 家。

微生物领域核心基础研究论文共 51 316 篇，美国参与的核心论文约占全球全部核心论文的 50%，中国约占 14%，另外，英国、德国、法国、加拿大、荷兰、澳大利亚、瑞士、西班牙等也占有一定的比例。主要研究机构分布在美国、英国、德国、中国、法国、澳大利亚等国家和地区。排名进入全球前 50 位的中国机构只有中国科学院（排第 2 位，数据不包括中国科学院大学），进入前 100 位的中国机构还有清华大学（居第 63 位）、浙江大学（居第 65 位）、中国科学院大学（居第 67 位）、北京大学（居第 93 位）、上海交通大学（居第 94 位）、香港大学（居第 99 位）等。全球主要研究国家均有一定程度的合作关系，美国是全球主要国家的首选合作对象，中国是美国、韩国、日本和澳大利亚的主要合作对象。微生物领域核心论文篇均被引 121.25 次，主要国家的篇均被引在 95.59～137.63 次，中国的篇均被引为 95.59 次／篇，低于全球平均水平。2010—2019 年，全球微生物领域核心论文研究方向主要集中在微生物基因识别表达研究、微生物进化研究、微生物群落及生物多样性研究、病毒感染应对与治疗、微生物抗性免疫性研究、流行病疫苗研制与应用、生物合成、微生物结构、生物传感器、生物质利用等方面；关于基因序列预测、工程化微生物（包括微生物降解）、催化活性、微生物群落、医学应用、深度学习在微生物研究中的应用等研究的论文产出量增长速度较快，关于基因表达与转录、基因标识、菌株等研究的论文产出量降速较快。另外在研究方向上，主要国家有较高的相似度，但机构间的研究方向存在较大差异。

微生物领域位居前 10 位的热点前沿包含 2 个药物／疫苗开发相关前沿，分别是"靶向 SARS-CoV-2 主要蛋白酶 (Mpro) 的新药设计"和"广谱 HIV-1 中和抗体研究"；3 个传染病相关热点前沿，分别是"新型猪圆环病毒-PCV3 研究"、"埃博拉病毒传播机制、临床症状及预防"和"寨卡病毒导致小头畸形的致病机制、感染模型研究"；2 个耐药机制研究方向的热点前沿，分别是"致命耐药性假丝酵母研究"和"细菌耐药性机制研究"；1 个微生物基因组方向的热点前沿"微生物基因组系统发育与进化"；1 个肠道微生物研究方向的热点前沿"肠道微生物代谢物 TMAO 与心血管疾病、肾脏疾病等慢性病的关系"

和 1 个"单步硝化菌的发现和培养"热点前沿。

8.1.4　各国都在加强微生物产业专利布局，以期争得竞争主动权

微生物专利技术主要研发国家包括中国、美国、韩国等国家和地区，专利技术研发方向主要集中在细菌和遗传工程等。2010—2019 年全球范围内共有10.126 万件微生物相关专利，申请国家主要有中国、美国、韩国、加拿大和日本等国家，其中中国的占比 59.95%，占据主要地位；主要专利权人包括江南大学、延世大学、浙江大学等高校和科研院所，说明目前虽然已有大量相关专利，但是产业化应用的仍然较少。专利技术方面重视细菌及遗传工程研究，主要通过外来遗传物质对微生物进行修饰。韩国主要专利权人之间合作较为密切，我国的专利权人之间合作较少。

核心专利数居前 5 位的国家、地区及国际组织依次为美国、加拿大、中国、韩国和欧专局。核心专利研发热点主题主要包括基因工程菌生产丁二醇与丁醇等产品、纤维素降解、复合微生物菌剂、生物反应器、肠道菌、肝炎病毒、基因编辑、单克隆抗体等；排名居前 5 位的专利权人主要包括罗氏制药、诺维信集团、诺华制药公司、哈佛大学、丹尼斯克集团，可以看出核心专利主要掌握在国外制药企业手中。

8.1.5　新兴技术不断取得突破，持续为微生物研究提供新的方法与手段

微生物研发与人工智能、能源、生态、材料等交叉融合趋势加大，在基因编辑、微生物组学、合成生物学等方向取得了诸多进展和重大突破，长期制约微生物学研究的瓶颈正在被打破。微生物领域新兴技术侧重于微观基础研究与宏观产业应用，包括基因编辑技术、微生物组学技术、生物传感技术、生物降解技术、合成生物学技术等。

基因编辑技术在基因功能研究、药物开发、疾病治疗和作物育种等方面有着重要意义和广阔的应用前景，基于 DNA 内切酶实现基因组特定位点改造的基因编辑技术，是当前发展最为迅速，关注度和应用范围最为广泛的一类基因编辑技术，主要包括锌指核酸酶（ZFN）、转录激活因子样效应物核酸酶（TALEN）和成簇的规律间隔的短回文重复序列（CRISPR）等技术。

微生物组基础研究自 2006 年以来一直快速增长，主要研发国家包括美国、中国、英国等。核心研发机构包括加州大学圣地亚哥分校、密歇根大学、贝勒

医学院等。中国只有中国科学院居前 20 排名中的第 6 位。微生物组学的基础研究主要的研究方向包括宏基因组学、宏代谢组学、宏转录组学和宏蛋白质组学，近年来各个技术方向都有增长，但是宏基因组学、宏代谢组学的研究数量远高于宏转录组学和宏蛋白质组学。截至 2019 年，与微生物组相关的发明专利共 877 条。其中 uBiome（美国肠道健康初创企业）的发明专利数量最多，占总量的 15.05%。加州大学在微生物组领域的基础研究很强，但专利申请量较少，说明该技术目前处于基础研究阶段，产业化进程缓慢；个别公司的专利布局较为领先，有望带动整个行业的发展。

生物传感技术是生物学、化学、物理学和信息学等多学科集成的分析技术，是涉及内容广泛、多学科介入和交叉并且充满创新活力的领域，目前的热点侧重于燃料电池微生物传感器技术、便携式生物传感技术、可穿戴生物传感技术等。

合成生物学的研究方向主要集中在酵母合成生物学研究、底盘与最小生命体研究、基因与基因组的合成研究、基因调控网络构建等方向。

8.1.6　随着微生物基础研究不断深入，微生物资源开发与产业化竞争日益加剧

以现代生物技术为核心的微生物资源研究与利用已经成为全球生物资源竞争的战略重点。进入 21 世纪以来，世界主要发达国家都已经确定了未来几十年内的生物技术发展战略和目标。因此，构建我国微生物资源保护策略，建立微生物资源认识和开发利用的新技术，对于保障我国生物产业体系的顺利建设与发展，维护我国在世界经济中的地位具有重要意义。

产业微生物学是生物技术的一个分支，把微生物科学和工业有机地结合在一起，即对微生物进行筛选、操作和管理，以便大规模生产有用的产品。从应用领域市场规模分析，随着微生物技术在农业、工业、医药、环保等各个领域的应用越来越广泛，微生物技术的发展也更加迅速，其主要的应用行业包括食品饮料、生物制药、农业、护肤及化妆品、生物能源及其他相关行业等。

据统计，2018 年全球农业微生物的市场价值为 30.24 亿美元，预计到 2024 年将达到 71.45 亿美元，复合年均增长率为 14.6%。其中细菌类产品占市场份额最大，为 44.6%；其次是病毒类产品，为 37.4%；真菌类产品为 16.1%，其他产品为 1.9%。细菌农业有巨大的需求，并在全球范围内快速发展。随着各种机构对使用农业微生物的认识和支持的增加，其份额正在迅速增加。2018 年我国农业微生物市场价值为 3.133 亿美元，预计到 2024 年将达到 9.417 亿美元。

微生物食品饮料行业是微生物应用的主要行业。由于益生菌对消化系统有众多健康益处，以及比食物和饮料更方便和有效，有越来越多的消费者开始消费益生菌补充剂以维持其健康状况，从而降低医疗保健成本，因此对益生菌补充剂的需求正在不断增加。据统计，2019年益生菌食品和饮料的市场收入为258.2亿美元，预计到2025年将达到379.78亿美元。受益于渗透率持续提升、消费频次加快和消费金额加大，以及核心化妆人口的扩散等多重因素影响，2019年的益生菌护肤化妆品行情持续高涨，平均增速为11.9%，而2019年社会消费品零售总额增长了8.0%。

2018年全球疫苗市场规模约305亿美元，在所有治疗领域中居第4位，所占市场份额约3.5%。伴随着更多的新型疫苗及多价多联疫苗陆续上市，未来全球疫苗市场的增长潜力较大。全球人类微生物组测序市场（按应用划分）细分为疾病诊断、药物发现、消费者健康、组学分析和其他应用，其中以疾病诊断为主导。截至2018年，疾病诊断占据41.95%的主要份额。

基于以上数据，我们应当意识到微生物资源作为地球上最大的、尚未有效开发利用的自然资源所蕴藏着的巨大的产业价值。农业方面，需要注重并不断拓展生物工程技术，优化配置微生物资源，发展新型农业，规模化生产人类及动植物所需的产品。工业方面，目前以益生菌为主的食品、饮料、护肤及化妆品的生产已经实现产业化，但是还需要拓宽应用领域，提高产品质量，生产更环保、更安全、更健康的产品来惠及人类。能源领域，目前主要是以生物乙醇为主，其在可持续发展理念指引下已经实现了顺应时代发展要求的经济发展模式。此外，尽管微生物制药技术在世界各国卫生医疗、环境保护等领域已经取得了卓越的成绩，但是当前全球新型冠状病毒带来的世界性的灾难让人类唏嘘不已，因此，微生物制药技术的进一步快速发展刻不容缓。

8.2　展望

8.2.1　生物经济正在成为全球战略竞争高地

未来微生物产业发展的重点方向包括生物经济、生物安全、人体健康、监管体系等。目前全球主要经济体均已经将生物经济作为未来发展重点。例如，美国先后制定了《国家生物经济蓝图》（2012）、《国家微生物组计划》（2016）、《生物经济计划：实施框架》（2019）、《护航生物经济》（2020）等规划，重点推进发展面向人体健康、新型疫苗、生物安全等领域；欧盟先后制定了《构建欧洲生物经济》（2010）、《工业生物技术路线图》（2012）、《面向生物经济的欧洲化学工业路线图》（2019）等生物经济规划，重点推进发展欧洲生物经济体系、监管体系、工业生物技术、生物安全等；日本也先后制定了《生物质产业化战略》（2012）、《日本生物经济 2030 愿景：加强应对变化世界的生物产业的社会贡献》（2016）、《生物战略 2019——面向国际共鸣的生物社区的形成》等发展规划，重点聚焦在产业化发展、食品安全、监管体系等；韩国、英国、意大利等国家和地区也都制定了微生物相关战略规划，旨在加速推动本国生物经济的发展。

8.2.2　生物经济将成为改变世界的重要驱动力

比较普遍的观点认为，生物经济是继农业经济、工业经济、数字经济之后的第 4 个经济形态。人类经历了 3 次科技革命，机械化、电气化替代了体力，信息化、智能化正在替代部分脑力。前 3 次科技革命主要是改造自然世界，第 4 次科技革命将改变人类自身，生物经济对经济社会的推动作用也将远远超过前 3 次科技革命。著名智库兰德公司的战略咨询报告也指出信息技术将让位于生物技术，生物技术将引领新科技革命。

未来生物经济将在很多方面改变世界，包括健康与长寿、绿色生产、细胞工厂、绿色能源、环境修复、生物资源开发、生物安全与防御、改变与创造生命、传统伦理观念、生物服务业等。

8.2.3　微生物产业将颠覆人类的许多传统思维

未来，微生物产业将颠覆人类的制造思维、食品思维、大健康思维等。"生物制造"将在制造方式、绿色生产、能源供应、人体健康等方面产生颠覆性影响。例如，生物制造可以实现生物的自组织、自生长、自培育、自修复等功能，在制造方式上产生颠覆性影响；通过"3D 打印"技术，人类的食品来源不再限于动植物、肉类等食品，可以通过 3D 打印技术将微生物资源打印成食品，通常意义上的动植物很有可能成为生态资源，将颠覆人类的食品思维；通过"细胞工厂"技术，兢兢业业的微生物细胞以清洁生物加工方式替代传统加工方式，改变高消耗、高污染、低效益的生产模式，在生产方式上产生颠覆性影响；通过"细胞工厂"技术，可以"重置"人类的血液和免疫系统，在人体健康领域产生颠覆性影响；通过"合成生物学"可以构建有各类用途的人造生命系统，赋予人类更强的改造自然、利用自然的能力，将颠覆人类的生命观念；等等。

8.2.4　国际生物安全形势将发生深刻变化

首先，生物科技与其他技术领域交叉融合，将推动塑造未来经济社会面貌和战争形态。国际生物科技研发活动的规范准则碎片化和失序运行，潜在安全风险和利益冲突有恶化趋势；虽然从总体上来说当前生物安全风险还处于临界可控状态，但局部领域安全风险剧增，可能出现更多的传染病疫情、生物入侵导致生态环境恶化、生物恐怖和生物犯罪活动增多等现象。

其次，发展中国家还可能面临一些"老大难"问题。当前全球普遍在国家战略上比较重视，并且维持了一定力度的生物安全公共投入，但一些国家在政策协调、组织人事、内政外交国防方面存在薄弱环节，生物安全防御体系存在短板，难于有效抵御网络生物安全等新型生物威胁。